Екатерина Гадашева

Участие оксидоредуктаз насекомых в окислительном стрессе

Екатерина Гадашева

Участие оксидоредуктаз насекомых в окислительном стрессе

LAP LAMBERT Academic Publishing

Impressum / **Выходные данные**

Bibliografische Information der Deutschen Nationalbibliothek: Die Deutsche Nationalbibliothek verzeichnet diese Publikation in der Deutschen Nationalbibliografie; detaillierte bibliografische Daten sind im Internet über http://dnb.d-nb.de abrufbar.

Alle in diesem Buch genannten Marken und Produktnamen unterliegen warenzeichen-, marken- oder patentrechtlichem Schutz bzw. sind Warenzeichen oder eingetragene Warenzeichen der jeweiligen Inhaber. Die Wiedergabe von Marken, Produktnamen, Gebrauchsnamen, Handelsnamen, Warenbezeichnungen u.s.w. in diesem Werk berechtigt auch ohne besondere Kennzeichnung nicht zu der Annahme, dass solche Namen im Sinne der Warenzeichen- und Markenschutzgesetzgebung als frei zu betrachten wären und daher von jedermann benutzt werden dürften.

Библиографическая информация, изданная Немецкой Национальной Библиотекой. Немецкая Национальная Библиотека включает данную публикацию в Немецкий Книжный Каталог; с подробными библиографическими данными можно ознакомиться в Интернете по адресу http://dnb.d-nb.de.

Любые названия марок и брендов, упомянутые в этой книге, принадлежат торговой марке, бренду или запатентованы и являются брендами соответствующих правообладателей. Использование названий брендов, названий товаров, торговых марок, описаний товаров, общих имён, и т.д. даже без точного упоминания в этой работе не является основанием того, что данные названия можно считать незарегистрированными под каким-либо брендом и не защищены законом о брендах и их можно использовать всем без ограничений.

Coverbild / Изображение на обложке предоставлено: www.ingimage.com

Verlag / Издатель:
LAP LAMBERT Academic Publishing
ist ein Imprint der / является торговой маркой
OmniScriptum GmbH & Co. KG
Heinrich-Böcking-Str. 6-8, 66121 Saarbrücken, Deutschland / Германия
Email / электронная почта: info@lap-publishing.com

Herstellung: siehe letzte Seite /
Напечатано: см. последнюю страницу
ISBN: 978-3-659-49595-3

Zugl. / Утверд.: Баку,Бакинский государственный университет,2013

СОДЕРЖАНИЕ

Список сокращений

УФ	ультрафиолет
ЭП	электрические поля
МТО	малая тутовая огневка
АББ	американская белая бабочка
АКМ	активированные кислородные метаболиты
ПОЛ	перекисное окисление липидов
СОД	супероксиддисмутаза
Se – ГП	глутатионпероксидаза
ГТ	глутатион - трансфераза
GSH	глутатион
ТХУ	трихлоруксусная кислота
МДА	малоновый диальдегид
ТБК	тиобарбитуровая кислота
ДГАР	дегидроаскорбатредуктаза
АСПО	аскорбатпероксидаза
КАТ	каталаза
ФБ	фосфатный буфер

ВЕДЕНИЕ

Познание обменных процессов определяющих зависимость физиологического состояния организма от экологических факторов становится все более необходимым для понимания физиологических механизмов организации насекомых. Физиологические и биохимические исследования необходимы также для разработки научно обоснованной борьбы с насекомыми-вредителями сельского хозяйства в частности таких, как американская белая бабочка (АББ) (Hyphantria cunea Drury) и малая тутовая огневка (МТО) (Glyphodes pyloalis Walker), наносящих существенный вред шелководству.

Детальное изучение процессов окислительного стресса, индуцированного воздействием некоторых важных экологических факторов окружающий среды, представляет определенный интерес для экологической физиологии насекомых. В этом отношении актуальным представляется исследование влияния на эти процессы электрических полей (ЭП) высокой напряженности и УФ- излучения. В частности, в 70-е годы прошлого столетия появились сведения о начале истончения озонового слоя нашей планеты, что вызванно бурным развитием техники и промышленности, и особенно применением фторсодержащих газов. Большинство ученых сошлось во мнении, что утончение озонового слоя Земли может резко снижать выживаемость организмов из-за воздействия на них повышенных доз «неэкранированного» ультрафиолетового излучения. Другим антропогенным и пока малоизученным фактором внешней среды являются электрические поля высокой напряженности, значение которого возрастает, в связи с неуклонным ростом энергетических затрат и соответственно, гигантской выработкой электроэнергии и передачи ее на большие расстояния. Основным критерием оценки влияния ЭП и УФ – излучения считается нарушение целостности и функциональной активности клеточных мембран [51, 61].

Следует иметь в виду, что насекомые не могут не реагировать на электрическое поле и по чисто физическим причинам. Дело в том, что движущееся насекомое, обладающее относительно большей поверхностью и покрытое изолятором, в результате трения о субстрат и воздух приобретает заметный электрический заряд. Этот заряд тела взаимодействует с внешним электрическим полем. При этом возникают механические силы, которые прямопропорциональны произведению взаимодействующих зарядов и могут быть достаточно большими для их восприятия насекомыми. Эти силы препятствуют движению насекомых [47].

Учитывая тот факт, что электрическое поле – существенный экологический фактор, который препятствует их локомоторной активности, нарушает ход обменных процессов, определенную роль играет исследование данной тематике, как у полезных, так и у вредных видов насекомых. Если по УФ-воздействию на организм насекомых существуют определенно установленные представления, то по действию электрических полей высокой напряженности, как на организменном, так и на клеточном уровне их явно недостаточно и в этом отношении действия последних представляет научный интерес. Исходя из изложенного понятно, что биохимико-физиологические сдвиги, полученные при воздействии на насекомых экстремальными факторами окружающей среды, являются полезными для понимания механизма их устойчивости к ним. Это является необходимым шагом для выработки оптимальных методов борьбы с такими опасными вредителями сельскохозяйственного производства как МТО и АББ, получившие широкое распространение на юге России, сопредельных ей стран, в том числе и на территории Азербайджана.

Цели и задачи. Целью настоящих исследований было выяснение эффектов воздействия электрических полей высокой напряженности и УФ-излучения на ферментативную активность вредителей - амерекинской белой бабочки (Hyphantria cunea Drury) и малой тутовой огневки (Glyphodes pyloalis Walker). Для успешного выполнения указанной цели необходимо было решить следующие задачи:

1. Изучение антиокислительных ферментов в морфогенезе таких вредителей, как американская белая бабочка и малая тутовая огневка.

2. Рассмотреть влияние электрических полей высокой напряженности и УФ-излучения на активность ферментативных антиоксидантов гомогенатов американской белой бабочки и малой тутовой огневки.

3. Установить возможное влияние антиоксидантных ферментов гомогенатов американской белой бабочки и малой тутовой огневки на активность процессов перекисного окисления липидов.

Научная новизна работы. Обнаруженные реакции процессов окислительного стресса, индуцированного у американской белой бабочки и малой тутовой огневки важны в теоретическом плане, так как демонстрируют конвергентность путей эволюции адаптивных преобразований у этих видов чешуекрылых.

Практическая значимость работы. Закономерности механизма этой реакции можно использовать при разработке методов борьбы с насекомыми – вредителями. Так, например изучение уровня активности ферментов в изменяющихся условиях среды может служить тест системой, позволяющей достаточно легко устанавливать, способен или неспособен этот вид адаптироваться к определенным условиям среды исследуемого региона.

Публикации. Материалы данной работы опубликованы в журнале «Экология, эволюция и систематика животных» Россия (2012 г), на международной научной конференции Баку (2011-2012 г).

Обсуждение работы. Основные положения работы по мере ее выполнения были изложены на Международной научно - практической конференции (13–16 ноября 2012 Рязань, Россия) Рязанского государственного университета имени С.А. Есенина. На международной научной конференции Баку (2011-2012 г) по теме: «Проблемы современной биологии молодых ученых и исследований».

Объем и структура работы. Диссертация состоит из введения, обзора данных литературы, экспериментальная часть состоит из двух глав, изложенных на 73 страницах, содержит 20 рисунков и 5 таблицы.

Благодарности. Магистр выражает глубокую благодарность д.б.н., заведующему лабораторией в институте физики НАН Азербайджана Т.М. Гусейнову за помощь в руководстве научной работы, за предоставление лаборатории для проведения опытов и построения опытных экспозиций с последующей интерпретацией результатов, за помощь в выполнении работ, связанных с измерением активности ферментов, за обсуждение рукописи и ценные критические замечания.

ГЛАВА I

ОБЗОР ЛИТЕРАТУРНЫХ ДАННЫХ

БИОЭКОЛОГИЧЕСКИЕ ОСОБЕННОСТИ АМЕРИКАНСКОЙ БЕЛОЙ БАБОЧКИ И МАЛОЙ ТУТОВОЙ ОГНЕВКИ

1.1. Морфофизиологические особенности американской белой бабочки (Hyphantria cunea Drury)

Родиной американской белой бабочки является Северная Америка, где она распространена от Атлантического до Тихого океана. Северная граница её распространения совпадает с южной границей хвойных лесов Канады, а южная граница доходит до Флориды, Техаса, Аризоны. В 1948г вредитель проникает в Югославию, около Суботицы, где её обнаружили в двух местах, а в 1949г она расселилась уже по всей северной части воеводины, причинив значительные повреждения во фруктовых садах. В 1949 г американская белая бабочка была обнаружена в отдельных населенных пунктах западной части Румынии. Уже в 1956 г вредитель распространился в центральных районах Румынии. Тем не менее, первичные очаги американской белой бабочки уничтожить не удалось, и с 1952 года ареал ее постоянно расширялся, пока восточная его граница ни достигла реки Волги, а южная – пределов Азербайджана и Грузии (80-е годы). В 1993 -1994 гг американская белая бабочка зарегистрирована в Куба - Хачмасской зоне и на Апшероне (причем в массе).

Как известно, судьба чужеземного растительноядного насекомого, в частности которым и является американская белая бабочка, самостоятельно проникло на новую для него территорию – Азербайджан.

Американская белая бабочка (Hyphantria cunea Drury) – вредитель из семейства медведиц (Arctiidae). Бабочка в размахе крыльев – 40-50 мм. Крылья – снежно – белые, реже бабочки с темно-коричневыми или чёрными точками на крыльях, а иногда на верхней стороне брюшка. Голова покрыта белыми длинными волосиками, усики черные с белым опылением. Яйца мелкие (0,6 – 0,7 мм.), шаровидные, или слегка овальные, гладкие, зеленоватые, иногда желтоватые. Молодые гусеницы – светло – желтые, голова, грудной щиток и грудные ноги – черные. Вдоль спины – два ряда черных или светло – желтых бородавок, по бокам – четыре ряда. Каждая бородавка несет волосики: длинные черные и короткие белые. Взрослая гусеница 30-40 мм, со спинной стороны бархатисто – коричневая с черными бородавками по бокам тела желтые полосы с оранжевыми бородавками, на которых расположены тонкие светлые волосики и 2-3 более толстых волоска черного цвета. Голова и ноги – черные, блестящие. Куколка сначала лимонно – желтая, со временем становится темно – коричневой, находится в тонком коконе сероватого цвета [48]. Зимуют в трещинах коры и под отставшей корой деревьев, в щелях домов, заборов, под навесами, на чердаках и в других укромных местах. Весной вылет бабочек растягивается и в зависимости от климатических условий приходится на конец апреля и начало мая. Продолжительность жизни бабочек 5-14 дней. Они ведут сумеречный и ночной образ жизни. Бабочки первого поколения откладывают яйца на верхнюю и нижнюю сторону листьев, на деревьях кладки находятся чаще в верхней части кроны. Каждая кладка содержит 400-500 яиц и покрыта сверху тонким прозрачным слоем пуха. Плодовитость самки до 2000 – 2500 яиц [50]. Молодые гусеницы скоблят мякоть листа, скелетируют его, позднее съедают лист целиком, оставляя только грубые жилки. В 3-м возрасте гусеницы переходят к стадному образу жизни. Они сплетают паутинные гнезда, скрепляя для этого несколько листьев. По мере развития гусеницы оплетают новые ветви и листья. Начиная, с 5-го возраста гусеницы снова, переходят к одиночному образу жизни. Активны ночью и на рассвете, а днем сидят на нижней стороне листа. Продолжительность развития гусениц 45 – 55 дней. За это время они линяют 6 раз и проходят семь возрастов. После этого окукливаются в трещинах коры, под корой и в других укромных местах. Куколки первого поколения развиваются 8 – 14 дней. В июне летают бабочки второго поколения. Гусеницы питаются в августе – сентябре. Гусеницы очень прожорливы и многоядны, повреждают около 300 видов древесных и кустарниковых растений, в том числе сельскохозяйственные культуры (хлопчатники, кукурузу, свеклу, капусту, виноград и др.) наибольший вред гусеницы американской белой бабочки наносят шелковице, клену яснелистному, сливе, яблоне, груше, грецкому ореху, черешне, вишне, [31]. Гусеницы, отродившиеся из одной кладки, могут полностью оголить дерево 10 -15 летнего возраста.

Американская белая бабочка зимует в фазе куколки под отмершей корой деревьев, в расщелинах заборов, строений, под застрехами крыш, в развилках ветвей, среди опавших листьев и в других преимущественно сухих местах, редко в почве, на глубине 2-3 см. Куколки в природных условиях переносят температуру до – 30 С, но очень чувствительны к резким колебаниям температуры в ранневесенний период.

Период вылета бабочек после зимовки растянут. По наблюдениям, весенний лёт бабочек в природных условиях продолжается до 30 и более дней. Одним из главных факторов, обуславливающих растянутость периода лёта весенних бабочек, наряду с физиологическим состоянием куколок, являются различные условия зимовки куколок и сумма тепла, получаемого куколками весной. Период массового вылета бабочек длится 11 -14 дней и происходит в дни со среднесуточной температурой воздуха 17-19 и выше. Понижение температуры до 15 и ниже ослабляет интенсивность лёта. Вылет бабочек из куколок прекращается при более высокой температуре. Поэтому в случае недружной весны и колебания температур массовый вылет бабочек может прерываться и вновь возобновляться с наступлением более тёплых дней. Вылетают бабочки в предвечерние часы. Через несколько часов после вылета бабочки приступают к спариванию. Копуляция длится от 12 до 24 часов. В течение жизни самка   копуляция   может возобновиться. К откладке яиц бабочки приступают через 1-2 часа после окончания спаривания, иногда через более   продолжительный   промежуток   времени.   Процесс   откладки, совершающийся, беспрерывно, длится от 12 до 48 часов. Яйца откладываются на   нижнюю   сторону   листа,   преимущественно   верхушечных   веток (в периферической части кроны), в один слой, образуя в совокупности полосу или неправильных очертаний овал. Средние по величине кладки занимают площадь в 1-2 кв.см, он состоит из 400-800 яиц, обычно прикрытых белыми волосиками с брюшка самки. Температура существенно влияет на все жизненные отправления насекомого, на процессы копуляции, откладки яиц и на продолжительность жизни бабочек. В проведенных опытах при t- ре 20 спаривание продолжалось 12-16 ч, при 18-22 часа, а при 13,5 оно не наблюдалось. Во время сильных дождей копуляция обычно не происходит, а если совершается, то среди отложенных яиц многие оказываются неплодотворными. Продолжительность жизни бабочек составляет 5-8, реже 11 дней; самцы отмирают на 1-2 дня раньше самок. Соотношение полов у американской белой бабочки близко 1:1 (самцов 50-54 %) при этом какой-нибудь зависимости от режима питания гусениц, а так же других факторов не отмечено. В период лёта бабочек самцы активно отыскивают самок. Наиболее активный лёт бабочек наблюдается в предутренние часы. Температура и влажность воздуха являются важными факторами, обуславливающими сроки развития яиц. Гидротермический оптимум эмбрионального развития зародыша лежит в пределах 24-26 и 75-85 % относительной влажности воздуха. Плодовитость самок зависит от растения, которым питались гусеницы. Обычно в кладке имеется 1-3% неоплодотворенных яиц. За один – два дня до отрождения гусениц яйца в кладках приобретают серо-оловянный цвет. В распространении вредителя кроме полета бабочек и переползания гусениц, играет определенную роль также ветер. Длинные волосики гусениц младших возрастов способствуют переносу их воздушными потоками на значительные расстояния [48].

1.2. Биоэкологические особенности малой тутовой огневки (Glyphodes pyloalis Walker)

Впервые малая тутовая огневка была зарегистрирована в Панджабе, Пакистан в 1928 [74].Малая тутовая огневка - Glyphodes pyloalis Walker, (Lepidoptera, Crambidae) – является вредителем шелковицы (рода Morus). При высокой заселенности и сильном повреждении вредителем деревья отстают в росте, отдельные ветви усыхают. В последние годы, значительно расширив свой ареал, вид распространился на территориях республик Средней Азии и Закавказья. Так в начале 1990-х годов вредитель проник на территории республик Таджикистана и Киргизии, в 1994 году было отмечено на Сурхандарьинской области Узбекистана, в 1999 году в селении Мсхалгори Логадехского района Грузии, в 2003 году в городе Баку Азербайджана [26, 49, 72]. Возможно распространение малой тутовой огневки и на территориях Ирана, Армении и Южных регионах России [71].

Распространение малой тутовой огневки Glyphodes pyloalis Walker.(Lepidoptera, Carambidae) по так называемым «шелководческим» регионам продолжается, и она вплотную подошла к границам Грузии и России. Настораживает тот факт, что примерно за 10 лет (1995–2005)вредитель распространился на территориях республик Средней Азии и Азербайджана. Такая скорость его расселения частично связана с неинформированностью людей на местах и отсутствием должного внимания со стороны соответствующих государственных структур. Есть сведения о том, что гусеницы малой тутовой огневки являются монофагами и питаются листьями только тутового дерева. Хотя в условиях Азербайджана данная особенность вредителя, т.е. трофическая связь, пока полностью не исследована. В частности, проведенные Х. Ф. Кулиевой (2009-2012 гг) опыты указывают на то, что этот вид огневки-олигофаг. Тутовое дерево в Азербайджане встречается повсеместно, включая нижний горный пояс. В районах шелководства имеются большие плантации кормовой шелковицы. Малая тутовая огневка наносит существенный вред тутовым деревьям. Развитие двух последовательных поколений (а в Азербайджане она дает 5 генераций) на одном дереве приводит к полной дефолиации листьев [29].

Бабочка малой тутовой огневки, достигающая в размахе крыльев 20-22мм, золотисто-желтого цвета, с характерным рисунком на передних крыльях. Гусеницы старших возрастов при питании перегибают лист, «зашивая» его паутиной с внутренней стороны. В такой складке помещаются гусеницы старших возрастов и куколки. На одном листе можно обнаружить 2–3 складки. Обычно гусеницы повреждают 70–80 % ассимиляционной поверхности листьев. Плотность гусениц разных возрастов может достигать 6–7 экз/лист. На шелковице Morus alba в местах питания гусениц огневки отмечались и колонии червеца Комстока. Зимует взрослая гусеница в стадии блуждания, преимущественно под растительными остатками в поверхностном слое почвы, на глубине 3-6 см. Весной перезимовавшие гусеницы вредителя начинают окукливаться после установления устойчивой среднесуточной температуры выше +13°С, которое обычно совпадает с началом массового распускания почек на шелковице. Окукливание недружное, растягивается на 20–25 дней, что обуславливает растянутость лета бабочек, яйцекладки и питание гусениц.

Куколки темно-коричневого цвета, длиной 10 мм, с пучком крючкообразных щетинок на заднем конце. Незадолго до вылета бабочки сквозь полупрозрачный покров куколки просматривается характерный рисунок на крыльях. Развитие куколок при температуре 22°С происходит за 13 дней, при 30°С – за 7 дней. Нижний порог их развития +12,7°С, сумма эффективных температур около 120°С [49].

В условиях Апшерона лет бабочек зимующего поколения обычно начинается в начале мая и продолжается около месяца. Бабочки наиболее активны в сумерках и ночные часы, пик летной активности приходится на 21 – 23 часа. Поэтому днем встречаются очень редко. Их спаривание тоже происходит ночью на 2-3 сутки, после чего в течение 6-9 дней самка откладывает яйца. Продолжительность жизни бабочек и их плодовитость в сильной степени зависеть от имагинального питания, и колеблется соответственно в пределах 3-20 дней и 45-250 яиц/самка.

Яйца желтовато-белые, округлой формы с диаметром 0,5-0,6 мм. Поверхность полупрозрачной оболочки имеет сетчатой структуры. Яйца откладываются поодиночке, иногда по несколько штук, на нижней поверхности листьев вдоль жилок. При 23°С эмбриональное развитие длится 6 дней, при

30°C – 4 дня. Нижний порог развития яиц +9°C, а сумма эффективных температур около 84°C.

На 4-7-й день из отложенных яиц отрождаются гусеницы. Тело отродившихся гусениц светло-желтое, длиной 1,5 -1,7 мм. С началом питания тело приобретает зеленоватый оттенок. Гусеницы младших возрастов питаются вдоль жилок с нижней стороны листьев под маленьким шелковистым укрытием, что делает их незаметным.

Начиная с третьего возраста, подгибая листовую пластинку в различных местах, пришивают паутиной и устраивают закрытые гнезда. Или же присоединяя подобным образом близлежащих листьев, питаются внутри закрытых гнезд, скелетируя листья с нижней стороны. К концу последнего (IV) возраста гусеницы достигают в длину 17-18мм, с массой тела 48±3 мг. Эти гусеницы светло-зеленого цвета, с прозрачным кожным покровом. На поверхности их тела имеются небольшие черные бородавки, несущие короткие волоски. В зависимости от гидротермических условий и кормовых качеств листа питание гусениц продолжается 10-19 дней, в течение которых она линяет 3 раза.

У завершивших питание гусениц кожный покров приобретает красноватый оттенок, и они переходят в стадию блуждания. За эту стадию, продолжающуюся около 3 дней, гусеницы подыскивают подходящей для окукления места, устраивают колыбельку овальной формы, стенки которой сплетаются шелковистыми паутинками. В этих колыбельках они окукливаются. При температуре 22°C гусеничная стадия длится 21 дней, при 30°C – 14 дней. Нижний порог развития для гусениц +6°C, а сумма эффективных температур около 336°C.

В условиях Апшерона жизненный цикл малой тутовой огневки от яйца до выхода имаго длится 22 – 30дней и наблюдается 4-5 поколений (пятый неполный – зимующий). Сумма эффективных температур для одной генерации около 540°C. Следует отметит, что со второй половины июня до конца сентября на этом регионе температура воздуха придерживается на довольно высоком (в пределах 30°C и выше) уровне.

Для малой тутовой огневки характерна растянутость отдельных фаз развития. Поэтому в природных условиях наблюдается накладывание поколений и одновременно можно обнаружить все стадии вредителя. Со второй половины сентября, завершившие питание гусеницы уходят в диапаузу. Питание гусениц в природе наблюдается до конца октября, почти до начало пожелтения листьев. Осенью, часть гусениц не успевших завершит питание погибают.

Лет бабочек Glyphodes pyloalis происходит ночью, в основном в 21-24 часов. На 2 или 3 ночь после вылета бабочки спариваются. В первую ночь после выхода из куколок самки никогда не спариваются. Каждый самец способен оплодотворять 2-3 самок. После спаривания самки начинают откладывать яйца по одному (иногда группами по несколько яиц) на нижнюю сторону листьев шелковицы. Откладка яиц продолжается в течение всех суток, как ночью, так и в дневное время [75].

В настоящее время проведен обширный мониторинг территории Азербайджанской республики (кроме НКАО) позволил установить, что обследованные районы в разной степени заселены этим вредителем. Наибольшая плотность популяции и вредоносность наблюдается на Апшеронском полуострове и в центральной части республики (Кура-Аразская низменность). В городах Баку, Гянджа, Сумгаит и в районах Агдаш, Евлах, Барда, Бейлаган, Агджабеди, Имишлы и других заселенность тутовых деревьев достигала 80–90 %.В районах Ленкорань и Астара, в Хачмазе, Белоканах и Казахе тутовые насаждения были повреждены в средней степени. Свободными от вредителя оказались территория Нахичеванской АР, районы Лерик, Куба и Кусары. Хотя в центральной части районов Закаталы, Шеки и Кахи не встречались поврежденные тутовые деревья, но вдоль дорог вокруг этих районов они были заселены малой тутовой огневкой. Отмечено, что территории выше 800–1000 м над уровнем моря свободны от малой тутовой огневки.

Отсутствие или же незначительная плотность вредителя наблюдаются в зонах с преобладанием грецкого ореха. Известно, что зеленые листья и зеленый околоплодник ореха обладают фитонцидными свойствами. Их приписывают содержащемуся в них юглону. Возможно, что такие летучие фракции являются репеллентом для бабочек малой тутовой огневки. На Апшероне проводятся химические обработки против американской белой бабочки и тутовой огневки, но так как ее гусеницы питаются внутри свернутых листьев или между близлежащими прикрепленными друг к другу листьями, это снижает эффективность инсектицидов. Таким образом, за короткий срок (примерно 5 лет) малая тутовая огневка фактически заняла свой потенциальный ареал в Азербайджане, заселив большую часть низинной территории. Сейчас идет процесс увеличения плотности вида-пришельца. При составлении плана мероприятий, предотвращающих дальнейшее расширение ареала малой тутовой огневки, следует иметь в виду, что основным способом ее распространения является активный перелет имаго.

1.3. Современные представления о ферментативной активности у насекомых

Антиоксидантная система является одной из жизненно важных систем, обеспечивающих существование живых организмов. Функционирование и развитие клеток в кислородсодержащем окружении не могло бы быть возможным без существования защитных систем, к которым относятся ферментативной и неферментативной природы антиоксиданты. Для поддержания гомеостаза в живых организмах постоянное образование активированных кислородных метаболитов (АКМ) уравновешено их дезактивацией антиоксидантами. Поэтому отсутствие или сбои в функционировании антиоксидантной системы сопровождаются накоплением окислительных повреждений и могут приводить к возникновению "окислительного стресса", который является составным элементом целого ряда физиологических и патофизиологических процессов [21]. Показано, что у позвоночных антиоксидантная система участвует в регуляции баланса "АКМ -

антиоксиданты" при воспалении, реперфузионном поражении тканей, бронхолегочных заболеваниях, старении, канцерогенезе и др.

При исследовании антиоксидантной системы у беспозвоночных показано активное участие антиоксидантов в процессах жизнедеятельности насекомых [60]. Также отмечена существенная роль антиоксидантов насекомых при воздействии различных химических факторов (аллелохемики, пестициды) [59], при микроспоридиозных и вирусных инфекциях [33, 82], а также в онтогенезе и процессах старения.

Основными звеньями, участвующими в функционировании системы "АКМ - антиоксиданты", являются АКМ - как индукторы радикальных окислительных процессов, а также компоненты антиоксидантной системы - ферментативные и неферментативные антиоксиданты. Вероятно, участие компонентов антиоксидантной системы в стабилизации радикально-окислительных процессов на начальном этапе развития окислительного стресса может являться одним из важнейших защитных механизмов насекомых.

1.3.1. Характеристика основных форм активированных кислородных метаболитов

К активированным кислородным метаболитам относят кислородные радикалы (NO, RO, RO_2, $O_2 \sim$, HO_2, OH), перекись водорода (H_2O_2), синглетный кислород и гипогалоиды (HOCl, HOBr, HOI). Все формы АКМ обладают высокой цитотоксичностью в отношении любых типов клеток и клеточных образований, что определяется их химической реактивностью. Можно выделить четыре наиболее вероятных мишени окислительной цитотоксической атаки АКМ: индукция процессов перекисного окисления липидов (ПОЛ) в биологических мембранах [5], повреждение мембрансвязных белков, инактивация ферментов, повреждение ДНК клеток. Кроме того, АКМ могут участвовать в клеточной пролиферации, микробоцидном действии фагоцитов, в регуляции метаболических процессов в качестве внутриклеточных месенджеров.

1.3.2. Перекисное окисление липидов у насекомых

Перекисное окисление липидов является одним из основных типов повреждения биологических мембран и происходит при многих патологических процессах в живом организме. Как упоминалось в предыдущих разделах, реакция ПОЛ, в качестве свободно радикальной патологии, может сопутствовать нарушениям функционирования и разрушениям в кишечнике при развитии патогенезов и воздействии аллелохимиков у насекомых [60, 82].

Процесс ПОЛ делят на три фазы: зарождение цепей, развитие цепных реакций и обрыв цепей. На стадии зарождения цепей под действием различных факторов, которые характеризуются накоплением АКМ, происходит образование органических радикалов (R*). На следующей стадии R' быстро взаимодействует с O_2, который в силу незаполненности верхних молекулярных орбиталей выступает в качестве акцептора электронов. В результате образуется перокси-радикал (RO'), среднее время жизни которого в биологических средах около 7 с [52]. В свою очередь RO' атакует полиненасыщенные жирные кислоты фосфолипидов клеточных мембран; возникновение в результате этой реакции наряду с органической перекисью нового радикала R' способствует продолжению окислительной цепи.

Следует отметить, что важную роль в ингибировании ПОЛ играет структурная организация мембран, поэтому всякого рода повреждения клеточной мембраны неизбежно сопровождаются активацией ПОЛ. В связи с этим усиление ПОЛ является универсальным ответом клеток и тканей насекомых на нарушения в функционировании плазматических мембран при развитии стресс реакции. Кроме того, в защите от свободнорадикального окисления в клетках важную роль играют специализированные ферментные системы (СОД, каталаза, глутатионпероксидаза, глутатионтрансфераза), действие которых направлено на инактивацию 0_2, H_20_2 и органических гидроперекисей.

1.3.3. Антиоксидантные энзимы

По литературным данным для защиты от АКМ в клетках насекомых существуют специализированные системы антиокислительных энзимов, к которым относятся супероксиддисмутаза, каталаза, глутатион-зависимые пероксидазы и трансферазы, а также аскорбат-зависимая пероксидаза [81]. Эти энзимы характеризуются высокой специфичностью действия, направленного против определенных форм АКМ, специфичностью клеточной и органной локализации и использованием металлов в качестве катализаторов.

Супероксиддисмутаза (СОД) (супероксид-оксидоредуктаза, КФ (1.15.1.1.) служит для регуляции уровня супероксид-аниона (O_2), этот фермент существенно ускоряет реакцию дисмутации O_2 в перекись водорода (H_20_2). СОД имеет несколько изоферментных форм, отличающихся строением активного центра. В организме животных обнаруживаются внутриклеточные Cu, Zn-СОД и Мп-СОД и экстрацеллюлярная высокомолекулярная форма СОД, представляющая собой Cu, Zn-содержащий гликопротеин [55]. При изучении СОД у насекомых регистрируют как общую активность СОД [58, 77], так и активность отдельных изоформ Мп-СОД, Cu, Zn-СОД и экстроцелюлярной СОД [55].

В организме насекомых инактивация H_20_2 осуществляется каталазой, глутатион и аскорбат пероксидазами [59, 81]. У позвоночных животных отмечено, что каталаза эффективно работает при высоких концентрациях перекиси водорода, а пероксидазы при низких [66, 80].

Каталаза (КАТ) (КФ 1.11.1.6.) разлагает перекись водорода с образованием молекулярного кислорода. Активность каталазы зарегистрирована в различных органах различных видов насекомых [58, 59, 77]. Однако, в гемолимфе клопов R. prolixus и бабочек T.ni активность этого фермента не обнаруживается [54, 77], что может быть связано с разрушением каталазы во внеклеточных жидкостях в результате действия протеолитических ферментов.

Как показано в многочисленных исследованиях, глутатионзависимые и аскорбатзависимые ферменты играют огромную роль в функционировании антиоксидантной системы у насекомых [60, 82].

Селенсодержащая глутатионпероксидаза (Se-ГП) (КФ 1.11.1.9) способна катализировать разложение перекиси водорода, используя глутатион, при этом восстановленная форма глутатиона (GSH) переходит в окисленную (GSSG). Кроме того, этот фермент катализирует реакцию восстановления глутатионом нестойких органических гидропероксидов в стабильные соединения - окси-кислоты.

Следует отметить, что в ряде работ показано отсутствие активности ГП у насекомых [54, 82]. Считается, что у этих насекомых концентрация H_2O_2 и гидроперекисей может контролироваться аскорбатпероксидазой и глутатионтрансферазой.

Активность аскорбатпероксидазы (АсПО) (КФ 1.11.1.1) впервые была обнаружена у личинок Helicoverpa zea [73]. Фермент катализирует окисление аскорбиновой кислоты (АК), восстанавливая при этом перекись водорода и органические гидроперекиси. Последующее восстановление аскорбиновой кислоты из дегидроаскорбата (ДГА) у насекомых катализирует дегидроаскорбатредуктаза (ДГАР) [65, 81]. В последние годы все больше исследователей показывают доминирующую роль аскорбат-зависимых ферментов в инактивации H_2O_2 [58, 82].

Глутатион-S-трансферазы (ГТ) (КФ 2.5.1.18) являются семейством многофункциональных белков, использующих восстановленный глутатион для конъюгации с гидрофобными соединениями и восстановления органических пероксидов. Основная функция ГТ - защита клеток от ксенобиотиков и продуктов перекисного окисления липидов посредством их восстановления, присоединения к субстрату молекулы глутатиона или нуклеофильного замещения гидрофобных групп. К числу субстратов, описанных для ГТ, относятся, в частности, токсические продукты, генерируемые из тканевых повреждений. Широкая субстратная специфичность ГТ определяет их

24

значительную роль в детоксикации различных ксенобиотиков. ГТ, как и другие детоксицирующие ферменты насекомых, способны индуцироваться ксенобиотиками, в том числе барбитуратами, пестицидами, химическими соединениями, входящими в состав кормового растения и аллелохимиками. Интерес исследователей к ГТ насекомых связан, прежде всего, с участием этих ферментов в метаболизме инсектицидов. При этом обнаружено, что у устойчивых к инсектицидам насекомых повышается активность ГТ. Помимо деградации ксенобиотиков, ГТ участвуют в выведении продуктов метаболизма из организма и защите тканей от повреждения свободными радикалами. ГТ насекомых изучаются преимущественно на интактных насекомых. В последние два десятилетия активно исследуются биохимические свойства этих ферментов. Такие работы были проведены на личинках чешуекрылых, двукрылых и некоторых жесткокрылых насекомых [64]. Кроме того, в тканях насекомых была определена локализация ГТ. У личинок чешуекрылых наибольшая активность ГТ регистрируется в жировом теле, по сравнению с тканями кишечника, кутикулой и гемолимфой [64].

Биорегенерация окисленного глутатиона, образующегося в GSH-пероксидазной и GSH-ГТ реакциях, осуществляется с участием глутатионредуктазы (КФ 1.6.4.2) и систем восстановления $NADP^+$. Активность этого фермента зарегистрирована в различных тканях личинок чешуекрылых, но не обнаружена в гемолимфе.

1.3.4. Неферментативные антиоксиданты

В организме насекомых наряду с антиоксидантными ферментами, действующими преимущественно на клеточном уровне, существует система неферментативных антиоксидантов. Среди неферментативных антиоксидантов у насекомых изучаются, главным образом, аскорбиновая кислота, токоферолы, каротиноиды, глутатион и другие тиолсодержащие компоненты.

1.4. Влияние экологических факторов на возрастные изменения уровня ферментативной активности у насекомых

Познание обменных процессов, зависимости физиологического состояния организма от экологических факторов становится все более необходимым для разработки современных проблем физиологии насекомых [44, 46]. Для успешной борьбы с вредными насекомыми необходимо понимать механизмы устойчивости к различным факторам, могущим оказывать стрессорные действия, в том числе и абиотичные [47]. В настоящее время к числу наиболее часто встречающимся видам стресса относится окислительный, в ходе которого развиваются окислительно-деструктивные процессы свободнорадикальной природы, приводящие к различным патологиям на клеточном и организменном уровнях, и, в конечном счете, к их гибели. Знание механизма устойчивости к окислительному стрессу, индуцируемым такими факторами внешней среды, как УФ-облучение, электромагнитные поля, озон, способствуют выработке оптимальных способов борьбы с этими насекомыми. В условиях нормального функционирования организма антиоксидантная система обеспечивает сбалансированное протекание окислительных и антиокислительных процессов. Однако при действии внешних прооксидантов и избыточной активации эндогенных механизмов образования активных форм кислорода интенсивность окислительных реакций в организме повышается.

1.4.1. Естественные электрические поля

В настоящее время имеется достаточное количество литературных сведений, касающихся влиянию электрических полей на живые организмы - от отдельных клеток до целостного организма.

Геомагнитные и электрические поля входят в сложный комплекс геофизических факторов, различающихся между собой по характеру и результатам воздействия на биосферу. К строго векторизованным факторам относится гравитация. Поскольку гравитационное поле обладает всепроникающим действием, его невозможно ослабить посредством экранирования [40]. Известно, что электрическое, геомагнитное поле, электромагнитные колебания относятся к факторам, регулирующим закономерные сезонные изменения жизнедеятельности и морфофизиологического состояния насекомых. Но до настоящего времени остаются недостаточно исследованными в отношении их роли в биохимической реактивности организма.

Отмечено, что небольшие изменения магнитного поля происходят в течение суток. Эти вариации (по горизонтальной составляющей до 20-30 гамм) связаны с токами в ионосфере, величина которых зависит от суточных колебаний ультрафиолетового излучения Солнца. Возмущения магнитного поля (бури), коррелирующие с солнечной активностью, имеют четко выраженный 27-дневный и 11-летний циклы. Естественное распределение электрических и магнитных полей изменяется под влиянием антропогенного фактора. Искусственные поля многократно превосходят естественный фон. Например, в лабораториях создаются электромагнитные поля напряженностью до нескольких тысяч эрстед, а поле Земли составляет в среднем около 0,5 Э. Электрификация и расширение сети высоковольтных линий электропередач существенно изменили характер распределения напряженности электрического поля. Сеть высоковольтных линий электропередач ежегодно возрастает. По многим из них передается переменный ток промышленной частоты (50 - 60 Гц). Напряженность электрического поля в зоне линий электропередач (ЛЭП) зависит от напряжения, передаваемого по линии. Максимальный уровень электрического поля вблизи ЛЭП 110 кВ составляет 33, ЛЭП 750 кВ - 155 В/см. Для многих наземных биологических объектов важна напряженность электрического поля у поверхности Земли. Она отличается у линий разных классов и зависит от высоты опор, провисания проводов и рельефа местности. Среднее значение напряженности электрического поля на высоте 2 м от земли под ЛЭП 500 кВ/см составляет 60 В/см, ЛЭП 750 кВ/см- 110 В/см, ЛЭП 1500 кВ/см - 174 В/см. Чувствительность к току различных частей тела насекомого зависит как от их электропроводности и раздражимости, так и от многих случайных факторов, влияющих на величину контактного тока, например наличия в местах контактирования воды, частиц пыли, воска, прополиса и т. п. По этой причине порог чувствительности варьирует в широких пределах.

Однако его величина имеет четкую тенденцию к понижению с увеличением численности особей в гнезде, т.к. с этим связано повышение частоты их контактирования [20]. Известно также, что положительно коррелирует с уровнем возмущенности геомагнитного поля также лет на свет американской белой бабочки.

Доказано, что насекомые не могут не реагировать на электрическое поле по чисто физическим причинам [47]. Дело в том, что тело движущегося насекомого, обладающее относительно большой поверхностью и покрытое изолятором - эпикутикулой, в результате трения о субстрат и воздух приобретает заметный электрический заряд. Заряд тела взаимодействует с внешним электрическим полем. Возникающие при этом механические силы прямо пропорциональны произведению взаимодействующих зарядов и могут быть достаточно большими для их восприятия насекомыми. Эти силы препятствуют движению насекомых. Не исключено, что различные острые выросты на теле насекомого (щетинки, шипы, рога) способствуют стоку избыточного заряда в воздух. Препятствием для внешнего электрического поля может служить также и экранирование с помощью клетки-садок слегка с заземлением [47].

Установлено, что все насекомые реагируют изменениями поведения на электрическое поле, даже если они и мелкие. Вначале часто их реакция незаметна до тех пор, пока при высоком значении градиента, крылья не начинают прилипать к поверхности субстрата [47]. Значит, электрическое поле – существенный экологический фактор, влияющий на поведение насекомых, препятствуя их движению, и нарушает их комфорт. Возникает вопрос, помимо механического взаимодействия, играют ли эти заряды определенную роль в изменении биохимической реактивности организма. Можно ли использовать эти изменения, наряду, в ферментативной активности в разработке эффективных методов борьбы против вредных насекомых.

1.4.2 Действие УФ-лучей на биообъекты

Ультрафиолетовое (УФ) излучение- это очень важный природный фактор, являющийся составной частью электромагнитного излучения, испускаемого различными объектами. Оно охватывает его невидимую часть в области ≈100-400 нм. Из-за относительно высокой «энергоемкости» УФИ обладает способностью активно воздействовать на многие объекты.

Биологическим значением УФ-излучения обладает участок спектра от 230 до 380 нм, он подразделяется на три области: коротковолновое (230-290 нм), средневолновое (290-320 нм), и длинноволновое (320-380 нм) УФ- излучения. Наибольшее инактивирующее воздействие на биосистемы оказывают УФ-излучение длиной волны от 200-300 нм. УФ-излучение длиной волны от 300-450 нм оказывают несколько сниженное вредное воздействие. В области же длин короче 200 нм энергия излучения значительно превышает обычную энергию химических связей. Фотоны с энергией 4...6 эВ (λ 200-250 нм) избирательно поглощаются нуклеиновыми кислотами и белками и могут приводить к возбуждению валентных электронов в этих молекулах, т.е. вызывать их переход на более высокие энергетические уровни. Такие возбужденные молекулы легко вступают в химически реакции. Именно эти фотохимические реакции вызывают эффекты, наблюдаемые на биологическом уровне. Таким образом, можно сделать заключение, что в ходе воздействия полей экстремальной эффективности, как искусственного, так и естественного происхождения, выявляются окислительно-деструктивные процессы, что и является причиной развития ряда патологий, связанных с активацией окислительных процессов.

ГЛАВА II

МАТЕРИАЛЫ И МЕТОДЫ

Объектом для исследований служили гусеницы и куколки американской белой бабочки (Hyphantria cunea Drury) и тутовой огневки (Glyphodes pyloalis walker).

Гусеницы и куколки малой тутовой огневки (МТО) lat. (G. Pyloalis) и американской белой бабочки (АББ) (Hyphantria cunea Drury) были собраны с тутовых деревьев в окрестностях г. Баку и были вскормлены свежими листьями шелковицы в лабораторных условиях при температуре 28±2°С, 55 % влажности. Насекомые были помещены в пластиковые коробки, покрытые марлей для аспирации. Пищевой субстрат для первого и второго возраста менялись через каждые два дня. Для проведения эксперимента использовались гусеницы пятого возраста и куколки.

Для изучения влияния селена на устойчивость, вес, и смертность насекомых использовали раствор 0,1 мг/мл и 1,0 мг/мл концентрации селена на 1г корма. Вес и смертность фиксировали в течение 10-20 дней с интервалом 2-3 дня. Настоящая работа была выполнена в лаборатории экологической биофизики Институте физики НАН Азербайджана. Данные по фенологии были предоставлены профессором Х. Ф. Кулиевой.

2.1. Приготовление гомогенатов насекомых

Куколки и гусеницы были предварительно взвешены и разделены на группы. Для приготовления гомогенатов насекомых растирали в стеклянном гомогенизаторе с помощью холодного10 мМ фосфатного буфера pH 7.2 с 150 мМ NaCl (ФБ) в соотношении 0,1г на 1 мл буфера. Затем гомогенаты центрифугировали при 4°С в течение 15мин при 10000 g на лабораторной центрифуге (модель). Полученный супернатант использовали для определения активности исследуемых ферментов.

2.2. Определение белка

Белок определяли по методу Bradford [62]. Метод основан на реакции красителя Coomassie Brilliant Blue (кумасси) с аргинином и гидрофобными кислотными остатками. Связанная форма имеет голубую окраску с максимумом поглощения при 595 нм. Таким образом, увеличение адсорбции раствора при длине волны, равной 595 нм, пропорционально количеству белка в растворе. Для оценки последствий окислительного стресса и состояние селенового метаболизма были использованы следующие методы.

2.3. Метод определения глутатионпероксидазы

Принцип метода. Мерой активности фермента ГП является скорость окисления глутатиона в присутствии гидроперекиси третичного бутила. Концентрацию восстановленного глутатиона до и после инкубации определяют спектрофотометрически [78].

В основе развития цветной реакции лежит взаимодействие SH-групп с 5,5-дитиобиос (2-нитробензойной) кислотой (ДТНБК) с образованием окрашенного продукта тионитрофенильного аниона (ТНФА). Количество последнего прямо пропорционально количеству SH-групп, прореагировавших с ДТНБК.

Рективы. (1) Трис-HCl-буфер 0,1 М, pH 8,5 содержащей 6 мМ ЭДТА и 12 мМ азида натрия. При оценке «квазиглутатионпероксидазной» активности в гомогенате, включающем гемопротеин, азид натрия исключается из реакционной смеси. Непосредственно перед анализом на этом буфере готовят 4,8 мМ раствор восстановленного глутатиона. (2) Трис-HCl-буфер 0,1 М, pH 8,5.(3) Гидроперекись третичного бутила – 20 мМ раствор (готовят перед анализом разведением исходного реактива в 500 раз). (4) Трихлоруксусная кислота-200 г/л. (5) Реактив Эллмана- 0,01 М раствор (3,96 г/л) ДТНБК на метаноле.

Ход анализа. 100 мкл гомогената преинкубировали с 830 мкл реактива (1) в течение 10 мин при 37 С, добавили 70 мкл реактива (3) и инкубировали точно 5 мин. Реакцию останавливали добавлением 200 мкл холодной ТХУ, осажденные белки удаляли центрифугированием (1000g/10мин). 100 мкл супернатанта вносили в 10 мл трис-HCl-буфера (2) и добавляли 100 мкл

Эллмана. Через 5 мин пробы фотометрировали при 412 нм в кювете с длиной оптического пути 1 см. Контрольная проба отличается тем, что гомогенат вносят непосредственно перед осаждением белков.

2.4. Определение активности каталазы

Это исследование проводилось аналогично измерению активности Se-ГП активности. Активность каталазы определяли спектрофотометрически при 240 нм по скорости разложения H_2O_2 [82], К 500 мкл реакционной смеси (150 мкл 3 % H_2O_2 450 мкл ФБ) добавляли образец - 5 мкл гомогената насекомых и инкубировали 10 мин при 28°C. Удельную активность фермента выражали в единицах изменения оптической плотности инкубационной смеси при 240 нм в ходе реакции в расчете на 1 мин и 1 мг белка.

2.5. Определение селен-независимой ГП активности (глутатион-S-трансферазы)

Активность глутатион-S-трансферазы определяли спектрофотометрически при 340 нм по скорости увеличения концентрации 5-(2,4-динитрофенил)-глутатиона, продукта реакции ДНБ и восстановленного глутатиона, катализируемой ГТ [69], Инкубацию проводили при 28°C в течение 5 мин в 500 мкл ФБ, содержащем 1мМ глутатиона, 1мМ ДНБ и образец 20 мкл гомогената насекомых. Удельную активность фермента выражали в единицах изменения оптической плотности инкубационной смеси при 340 нм в ходе реакции в расчете на 1 мин и 1 мг белка.

2.6. Определение содержания продуктов, реагирующих с тиобарбитуровой кислотой (малоновый диальдегид)

Идентификацию глубины повреждений осуществляли, используя тиобарбитуровую кислоту (ТБК метод), позволяющий оценить накопление продуктов перекисного окисления липидов (малоновый диальдегид).

Определение содержания малонового диальдегида (МДА) проводили с помощью тиобарбитуровой кислоты [24]. В основе метода лежит реакция между малоновым диальдегидом и тиобарбитуровой кислотой, которая при высокой температуре и кислом значении pH среды протекает с образованием окрашенного триметинового комплекса, содержащего одну молекулу малонового диальдегида и две молекулы тиобарбитуровой кислоты. Для этого образец супернатанта несекомых (0,5 мл) обрабатывали трихлоруксусной кислотой (1,5 мл 10 % ТХУ) с добавлением 1 мл 0,05 М трис-HCl буфера (рН 7.4) на физиологическом растворе, центрифугировали 15 мин при 4000 g.

После 15 мин нагревания супернатанта с 1 мл 10 % ТБК измеряли оптическую плотность на спектрофотометре СФ-46 при длине волны 532 нм, что соответствует максимуму поглощения комплекса. Молярный коэффициент экстинции $\varepsilon = 1,56 \times 10^5$ М$^{-1}$ см$^{-1}$. Далее рассчитывали МДА в пробе в нмоль/мг белка насекомых.

Контроль: 2 мл 0,05 М трис-HCl буфера (рН 7.4) на физиологическом растворе, 1 мл раствора ТБК и 1 мл ТХУ.

2.7. Аналитическое определение селена в гомогенате и его компонентах

К исходной навеске определяемого материала (0,2-0,5 г) или их гомогената (1:10) перенесенного в колбу из термостойкого стекла добавляли 5-мл смеси концентрированной HNO_3 и $HClO_4$ (2:1) выдерживали 12 часов после чего нагревали на электрической плите закрытого типа до появления белых паров хлорной кислоты. Если после полного удаления HNO_3 и появлении белого дыма $HClO_4$ проба разложились не полностью, добавляли еще 2-3 мл концентрированной HNO_3 и продолжали нагревание. Для трудно растворимых образцов к остатку после появления дыма добавляли по каплям H_2O_2. После полного разложения образца и появления белого дыма $HClO_4$ раствор должен быть бесцветным. Его охлаждали, добавляли 2-3 мл воды и снова нагревали до появления дыма $HClO_4$ (повторное выпаривание необходимо для полного удаления HNO_3).

Для полного перевода селена в 4-х валентное (реакционноспособное) состояние использовали 10 % раствор HCl, 1 мл которого переносили в минерализат, после чего выдерживали на кипящей водяной бане 10 мин. Далее добавляли 20 мл воды и растворяли осадок при слабом нагревании. Устанавливали рН 1 по универсальной индикаторной бумажке, вводя соответственно соляную кислоту (10 %) или водный раствор аммиака (25%).

Добавляли 2 мл 2 %-ного раствора комплексона III, 5 мл 0,1 %-ного раствора 2,3-диаминонафталина в 0,1 М HCl и нагревании 5 мин на кипящей водяной бане. После охлаждения переводили раствор в делительную воронку, добавляли 5 мл перегнанного гексана и экстрагировали «окрашенный» образец в течении 1 мин. Экстрат фильтровали через маленький фильтр в пробирку с притертой пробкой. После окончания экстрагирования серии образцов (8-12 проб) измеряли флюоресценцию экстрактов на приборе ФАС-1. Флюоресценцию пиазоселенола возбуждали облучением растворов ртутной лампой с применением светофильтров, выделяющих линию с $\lambda= 366$ нм. Измеряли интенсивность флюоресценции с помощью вторичного фильтра ($\lambda=520$ нм), используя в качестве кювет специальные пробирки с плоским дном, прилагаемые к прибору.

Для построения градуированного графика отбирали в стаканы по 50 или 100 мл стандартного раствора, содержащего 0,00; 0,01: 0,02; 0,05; …0,25 мкг селена, доводили объем до 20 мл 0,1 М раствором HCl, устанавливали необходимое значение pH и далее поступали так, как при анализе проб. В каждой партии определений проводили через весь ход анализа холостой опыт и учитывали его значение при расчете содержания селена.

Статистический анализ полученных результатов осуществляли методами вариационной статистики с применением t-критерия Стьюдента [9] .

В ходе работы были использованы следующие реактивы: KH_2PO_4- фосфат калия, $K_3 [Fe(CN)_6]$- феррицианид калия; $Na_3 [Fe(CN)_6]$- феррицианид натрия; HNO_3-азотная кислота; H_3PO_4- метафосфорная кислота; $HClO_4$- хлорная кислота (гипохлорид); HCl- соляная кислота; NH_3- аммиак; Na_3N- азид натрия; $C_4H_4N_2O_2S$-тиобарбитуровая кислота (ТБК); трихлоруксусная кислота (ТХУ); $C_{10}H_{14}O_8N_2Na_2$ x $2H_2O$ –двунатриевая соль этилендиаминтетрауксусной кислоты(ЭДТА); $C_{14}H_8N_2O_8S_2$- 5,5 дитиобис (2- нитробензойная) кислота (реактив Эллмана); /$C_{10}H_{17}N_3O_6S$-восстановленный глутатион; $C_{20}H_{32}N_6O_{12}S_2$ окисленный глутатион; Sephadex G-150; диаминонафталин; C_6H_{14}-гексан; $CH_3 (CH_2)_3CH_3$-гептан; Se- селен; Na_2SeO_3- селенит натрия.

2.8. Стрессовые факторы

Для создания стрессового фактора испытуемые насекомые были помещены под электрические поля высокой напряженности 20 кВ/м промышленной частоты 50 Гц, с 20-ти часовой экспозицией (по имеющимся сведениям такая доза воздействия заведомо носит стрессорный характер) для эритроцитов животных [22].

Вторым стрессовым фактором, однозначно имеющим выраженную форму, в качестве фактора окислительной деструкции использовали УФ-облучение (доза облучения 0-80 кДж/м^2).

УФ- облучение проводилось с помощью УФ осветительного устройства (ОП-18), включающего пусковой прибор для зажигания свечения ртутных паров сверхвысокого давления в колбе кварцевой лампы СВД-120 А, обеспечивающее стабильное излучение в УФ-видимой области свыше 320 нм (320-700 нм). Интенсивность излучения регулируется путем изменения расстояния между объектом и УФ источником, и ирисовой диафрагмой прибора, доза облучения определялась временем экспозиции. Интенсивность оценивается с помощью калиброванного фотоэлемента ФД-17.

ГЛАВА III

ВЛИЯНИЕ УФ - ОБЛУЧЕНИЯ И ЭЛЕКТРИЧЕСКИХ ПОЛЕЙ НА ФЕРМЕНТАТИВНУЮ АКТИВНОСТЬ ИЗУЧАЕМЫХ ВИДОВ ПРИ РАЗЛИЧНЫХ ФИЗИОЛОГИЧЕСКИХ СОСТОЯНИЯХ

3.1. Физиологический эффект

Для исследования, а также для интерпретации и понимания механизмов воздействия УФ-облучения и электрических полей (ЭП) на регуляцию жизненных циклов таких опасных вредителей как американская белая бабочка (АББ) и малая тутовая огневка (МТО) необходимо выяснить физиологический эффект воздействия стрессовых факторов. У насекомых при действии электрических полей выявлены биологические эффекты, связанные с изменением поведенческих реакций, обменных процессов и процесса развития на различных стадиях онтогенеза [6]. Также исследователи отмечают высокую чувствительность насекомых к ЭП, проявляющуюся в повышении возбудимости и интенсивности метаболических процессов [5].

Полученные экспериментальные данные по воздействию на такие физиологические показатели как динамика веса гусениц (одного из основных признаков изменения интенсивности обмена веществ), выживаемость, метаморфоз (личиночно-куколочный и куколочно-имагинальный) позволяет провести более глубокий анализ, уточнить условия для разработки приемов практического использования этих факторов в борьбе с исследуемыми видами вредителей. Результаты по изучению физиологического эффекта воздействия ЭП, представлены на Рис 3.1 и в таблицах 3.1; 3.2; 3.3. Мы воздействовали на исследуемые объекты ЭП различной частоты (0-50 Гц) и напряженности (0-40 кВ/м). Нами было установлено, что на рисунке 3.1. представлены экспериментальные данные, характеризующие динамику массы гусениц под различными величинами напряжения. Как видно, из результатов увеличения напряженности приводит к закономерному снижению массы гусениц у обоих видов.

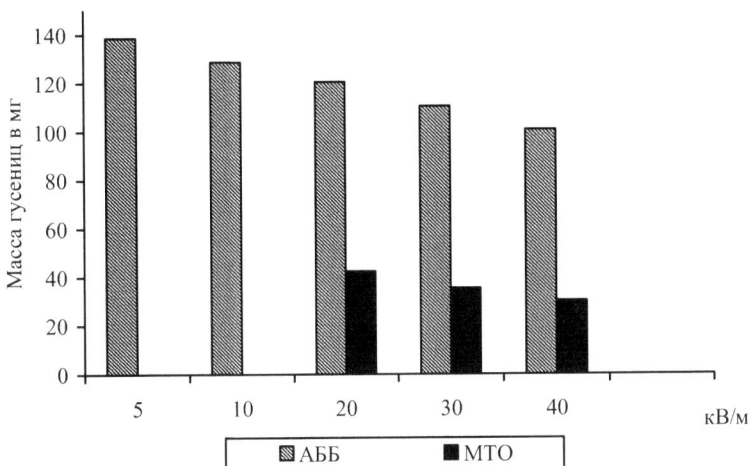

На Рис. 3.1 показана зависимость уменьшения массы гусениц от воздействия различной величины напряжения.

Причем, этот эффект наиболее выражен у гусениц малой тутовой огневки по сравнению с американской белой бабочкой. Так, на 10 сутки наблюдалось угнетение роста гусениц малой тутовой огневки третьего-четвертого возраста (тормозилась активность гусениц зашиваться в паутину с внутренней стороны листа). В варианте с образцом № 5 средний вес одной подопытной гусеницы составляет всего 30, 14 мг (61, 5%); в варианте с образцом № 3 – 42, 4 мг (86,53%); в варианте с образцом № 4 – 35,44 мг (72, 3%). При этом средняя масса контрольной особи, развивавшейся нормально, достигала 49±2 мг (100,0%). Подопытные гусеницы американской белой бабочки также заметно отставали в росте. На 10 сутки для них определены следующие показатели массы: № 1 – 138,56 мг (63,4%); № 2 – 128,69 мг (58,9%); № 3 – 120,44 мг (55,1%); № 4 – 110,4 мг (50,5%); № 5 – 100,9 мг (46,1%), а в контрольном варианте – 218,54 мг (100,0%).

Так при 10 кВ/м достоверно снижалась активность поедания листьев, а при 40 кВ/м этот процесс полностью блокировался. Воздействие ЭП проявило обще ингибирующее действие на комплекс жизненных функций личиночных фаз растительноядных насекомых МТО и АББ на стадии младших возрастов, а также отразились на последующем развитии. Анализ полученных данных свидетельствует, что влияние ЭП затрагивает процессы питания, роста и метаморфоза насекомых таб. 3.1.

Образцы препаратов	Напряжение кВ/м	Количество насекомых	Гибель гусениц по дням учета %		
			1 сутки	2 сутки	3 сутки
№ 1	5	10	-	10	20
№ 2	10	10	10	30	40
№ 3	20	10	10	40	70
№ 4	30	10	20	60	90
№ 5	40	10	70	80	100
Контроль	-	10	-	-	2

Таблица 3.1.

Влияние ЭП на гусениц американской белой бабочки второго возраста

Во всех экспериментах была отмечена низкая выживаемость подопытных гусениц. Ингибирование трофической функции подтверждается визуальными наблюдениями и поглощенной площадью листовой поверхности. Так, в опытах с гусеницами малой тутовой огневки в первые сутки подопытные насекомые концентрировались на поверхности сосуда и марли, в то время как в контроле происходил активный процесс питания. В результате чего в опытных кюветах повысилась смертность особей (таб. 3.2).

Таблица 3.2.

Влияние ЭП на гусениц малой тутовой огневки третьего-четвертого возраста

Образцы препаратов	Напряжение кВ/м	Гибель гусениц по дням учета %		
		1 сутки	2 сутки	3 сутки
№ 3	20	40	60	80
№ 4	30	60	60	80
№ 5	40	80	100	100
Контроль	-	0	0	0

Примечание: в опыте ставили три раза по пять особей

Фактические данные из таблицы 3.2 свидетельствуют о том, что в варианте с образцом № 5 насекомые игнорировали корм, результатом чего явилось повышение смертности гусениц.

Воздействие ЭП на насекомых определяется организмом как стрессорный фактор. Поэтому нами были проведен и проанализирован следующий опыт, листья шелковицы, которыми питались гусеницы АББ, опрыскивались селенитом натрия. Как известно, селен входит в состав многих ферментов антиоксидантов и способствует повышению адаптационных способностей организма. Длительное время считали, что селен, оказывает на организм животных токсическое действие. Однако многочисленными опытами доказано, что как важный микроэлемент в определенных концентрациях он играет значительную роль в течение важнейших физиологических процессах. В частности повышает чувствительность к фотопериоду, защищает от действия радиоактивного излучения, участвует в процессах тканевого дыхания и окислительного фосфорилирования, играет роль регулятора определенных ферментативных реакций, препятствует перекисному окислению жирных кислот и накоплению ядовитых соединений, тем самым нормализует обмен веществ в организме животных. Присутствие селена в насекомых и способность аккумулировать его из сред служили лишь косвенными доказательствами необходимости этого микроэлемента для организмов насекомых. Но исследования последних лет показали, что селену принадлежит важная роль в усилении адаптационного потенциала насекомых.

Нами использовались две концентрации селена 0,1 мг/мл и 1,0 мг/мл. В первом варианте, 0,1 мг/мл, количество выживаемых особей дольше сохранялось и превысило количество особей, в пищу которых селенит натрия не добавляли. Противоположная картина наблюдалась в варианте с концентрацией селена 1,0 мг/мл, где селенит натрия имел токсическое воздействие на организм насекомого. В таблице 3.3. отображены данные, полученные в ходе эксперимента.

Влияние различной концентрации Na_2SeO_3 на выживаемость американской белой бабочки в гусеничной фазе развития.

Образцы препаратов	Напряжение кВ/м	Концентрация селенита натрия Na_2SeO_3 мг/мл	Гибель гусениц по дням учета %		
			1 сутки	2 сутки	3 сутки
№ 1	5	0,1	-	-	10,0
		1,0	30,0	60,0	60,0
№ 2	10	0,1	-	10,0	20,0
		1,0	30,0	60,0	80,0
№ 3	20	0,1	20,0	30,0	50,0
		1,0	60,0	60,0	80,0
№ 4	30	0,1	30,0	40,0	60,0
		1,0	60,0	60,0	90,0
№ 5	40	0,1	60,0	70,0	80,0
		1,0	80,0	100,0	100,0
Контроль	-	0,1	-	-	-
Контроль	-	1,0	10,0	30,0	60,0

В частности у куколок американской белой бабочки было установлено, что в контрольных кюветах (в течение 6 суток) за сутки превращалось в имаго в среднем по $3,0 \pm 1,0$ особей. В опытных кюветах за то же время из 10 куколок вывелось только одно имаго Рис. 3.2 и 3.3.

Замедление роста личиночных фаз привело к ряду нарушений в метаморфозе как в личиночно-куколочном (таб.3.1; 3.2), так и в куколочно-имагинальном (Рис. 3.1; 3.2; 3.3).

Эти материалы служат подтверждением того, что гибель гусениц и личинок наступает при воздействии ЭП высокой напряженности от угнетения обменных процессов и ростовых процессов.

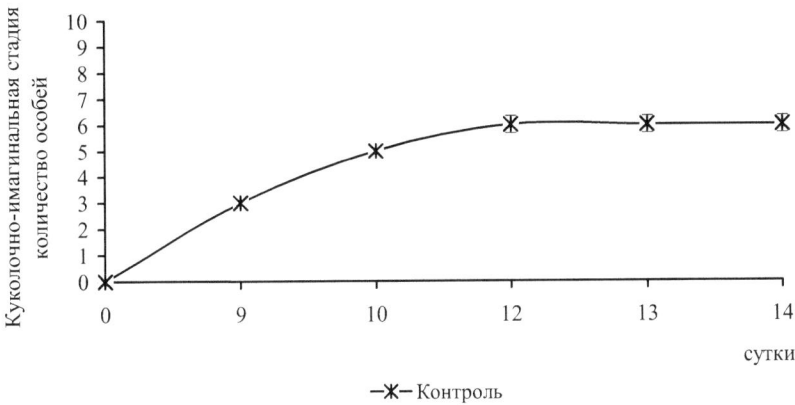

Рис. 3.2. Выход имаго американской белой бабочки в контроле.

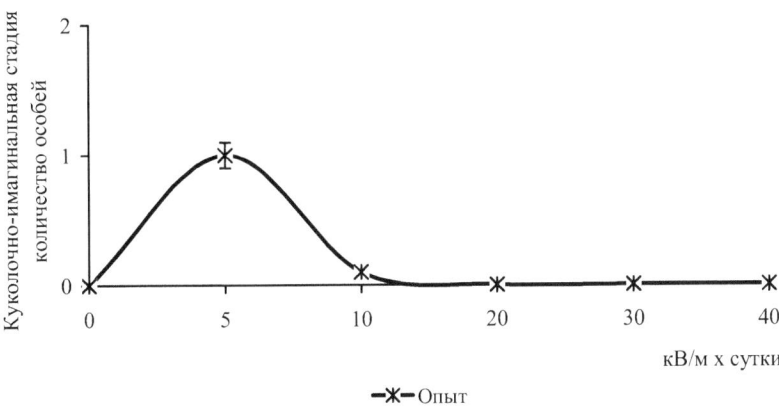

Рис. 3.3. Выход имаго американской белой бабочки под воздействием электрических полей.

ЭП воздействует на насекомых посредством электрострикционного механизма [37]. ЭП при взаимодействии с диэлектриком вызывает поляризацию его поверхности и, как следствие, в нем возникают механические колебания с частотой, равной частоте изменения ЭП. Это явление получило название электрострикции. Замедление двигательной активности вероятнее всего связано с изменениями характера работы скелетной мускулатуры, которые направлены на компенсацию колебаний покровов тела, вызванные электрострикционным эффектом. Это приводит к затруднению нормальных движений и требует дополнительных приспособительных усилий для их восстановления. Однако наступает только частичная компенсация, для которой требуется около 15-20 минут. Колебания наружных покровов приводят к резкому изменению работы скелетной мускулатуры, в первые моменты воздействия ЭП, что проявляется в резком замедлении двигательной активности в момент включения ЭП. В последующем происходит формирование функциональной системы, обеспечивающей хотя бы частичную адаптацию к данному воздействию, что проявляется в частичном восстановлении двигательной активности особей. Однако все это ведет к повышению уровня метаболических процессов, что необходимо для поддержания высокой интенсивности работы скелетной мускулатуры, компенсирующей колебания наружных покровов. Косвенным свидетельством этого является динамика изменения содержания ферментов окислительного стресса.

В процессе экспериментов проведенных с американской белой бабочкой и тутовой огневкой было установлено повышение уровня обменных процессов при действии ЭП, рассмотренных, а главе 3.4. Предполагается, что это является результатом работы скелетной мускулатуры по предотвращению колебания наружных покровов в результате явления электрострикции. Вероятно, что после вовлечения в работу всей мышечной массы скелетной мускулатуры должна произойти стабилизация эффекта [1]. Однако, как следует из полученных результатов, при определенном повышении напряженности происходит усиление интенсивности метаболических процессов.

Данный анализ позволяет прийти к следующему заключению, что механизм восприятия ЭП одиночными насекомыми имеет свои структурные и функциональные особенности. Во-первых, у насекомых обнаружены рецепторы воспринимающие воздействие ЭП. Таковыми являются трихоидные сенсиллы, антенны и субгенуальные органы [23]. Каждое из этих рецепторных образований имеет свой порог чувствительности к ЭП. Однако рецепторные образования лишь устанавливают наличие действующего фактора как компонента среды, но не дают ответа о его биологическом значении для организма. Если действующий фактор, наличие которого в среде зафиксировано рецепторными образованиями, не изменяет информационно-физиологический гомеостаз организма, то он будет отнесен организмом к разряду индифферентных и, кроме ориентировочной реакции, на его воздействие не последует другого ответа. Следует отметить, что восприятие действующих раздражителей посредством специальных рецепторных образований может происходить и при подпороговой интенсивности действующего фактора. В основе этого лежат явления пространственной и последовательной суммации. Это позволяет организму дифференцировать такой раздражитель как компонент окружающей среды. Однако он также может быть выделен в качестве индифферентного раздражителя и в данном случае [3]. Таким образом, ЭП воспринимаемое посредством специальных рецепторных образований может вызывать комплекс приспособительных реакций только тогда, когда оно приобретает сигнальное значение, т.е. готовит организм к последующим событиям. Кроме этого данный раздражитель воспринимается неспецифическими рецепторными образованиями, которые изначально приспособлены для восприятия звука, гравитации, вибрации и т.д. В основе этих видов рецепции лежит единый механизм, связанный с определенными механическими изменениями вспомогательных структур, которые в последующем воздействуют на рецепторные образования. Особенностью ЭП является одновременное воздействие на все перечисленные рецепторные образования, что может затруднить информационную идентификацию этого фактора насекомых:

Таким образом, чтобы восприятие ЭП с помощью рецепторных образований было достаточно информативно для организма необходимо предварительное формирование сигнального значения этого фактора, т.е. он должен стать условным раздражителем. Однако, несмотря на это, даже при первом воздействии ЭП происходит формирование реакции организма на данный фактор. Это говорит о том, что первичной причиной формирования ответной реакции на ЭП является не его информационное воздействие через рецепторные образования, а энергетическое воздействие, вызывающее изменения во внутренней среде организма. Эти изменения могут восприниматься другими рецепторными образованиями и, на основе этого, происходит формирование ответной реакции организма. Можно выделить несколько факторов энергетической природы, создаваемые ЭП, которые вероятнее всего вызывают определенные сдвиги гомеостаза. Таковыми являются: статический электрический заряд, формирующийся на поверхности тела насекомого; наведенные токи и токи смещения, формирующиеся во внутренней среде организма; вибрация наружных покровов вследствие электрострикционного эффекта. У изолированных особей насекомых наведенные токи могут вызывать электрохимические изменения внутренней среды, приводящие к ослаблению энергообеспеченности физиологических процессов, снижению работоспособности мышечной ткани и возможно ухудшению синаптической передачи. Все это влечет за собой снижение функциональных возможностей организма [39]. Однако полученные нами результаты говорят об увеличении интенсивности обменных процессов у изолированных насекомых. Этот эффект также невозможно охарактеризовать как рефлекторную реакцию на раздражение рецепторов, воспринимающих воздействие ЭП, так как он проявляется с первого воздействия данного фактора. Наиболее вероятным механизмом, лежащим в основе увеличения интенсивности обменных процессов при действии ЭП, является вибрация твердых наружных покровов вследствие электрострикционного эффекта. Так как насекомые являются организмами, у которых опорно-двигательная система имеет твердый наружный скелет, то компенсация вибрации будет осуществляться за счет работы скелетной мускулатуры, которая прикрепляется к наружным покровам. Это подтверждается наблюдениями за изменение двигательной активности бабочек при включении ЭП. Его воздействие приводит к торможению двигательной активности, так как работа мышечной системы переключается на компенсацию вибрации. Постоянство эффекта позволяет предположить, что вибрации возникают практически во всей структуре твердых покровов и в компенсаторную реакцию сразу вовлекается максимальная мышечная масса. При отсутствии возможности покинуть зону действия ЭП дополнительная двигательная активность увеличивает интенсивность метаболизма, что в конечном итоге приводит к износу организма и уменьшению его жизнеспособности на различных стадиях онтогенеза в условиях отсутствия возможности компенсировать энергетические затраты из внешних источников. На это указывает повышенная смертность имаго и куколок в зоне действия ЭП. Обобщая все вышесказанное можно выделить несколько этапов в формировании реакций живых организмов на ЭП. При воздействии данного фактора вначале возникает реакция в виде изменения состояния организма, вызванного нарушением физиологического гомеостаза. При превышении адаптационных возможностей физиологического механизма реализуется поведенческая адаптация, которая может привести к уходу из зоны действия ЭП или ее использовании при наличии достаточных для этого условий. При многократном или длительном воздействии ЭП оно приобретает сигнальное значение и воспринимается неспецифическими рецепторами, как сигнал о предстоящем изменении физиологического гомеостаза.

3.2. Биохимический эффект

3.2.1. Сравнительная оценка состояния окислительной устойчивости гомогенатов гусениц и куколок МТО и АББ и метаболизм селена

Селен является микронутриентом, входя в состав 30 протеинов, значительная часть которых является окислительно-восстановительными ферментами. В обеспечении жизнедеятельности организмов окислительно-восстановительные ферменты играют эволюционно значимую роль. Уровень активности этих энзимов зависит от уровня аэробности организмов, т.е. все возрастающее наличие кислорода в окружающей среде способствовало выработки и защитных механизмов от избыточного окисления [68].

3.2.2. Содержание селена и активность Se-ГП в гомогенатах МТО и АББ

Селеновому метаболизму у насекомых, в отличие от позвоночных животных (земноводные, рыбы птицы, млекопитающие, в том числе человек и сельскохозяйственные животные), которым уделено более десятка тысяч публикаций, посвящены единичные исследования [54].

Учитывая неизученность этого вопроса, мы рассмотрели природную селено-аккумулятивную способность организмов МТО и АББ и состояние активности важнейшего природного селеноэнзима глутатионпероксидазы (ГП) в гомогенатах гусениц и куколок МТО и АББ, в качестве первых исследовательских шагов в этом направлении.

Нами проведен анализ содержания селена в гомогенатах гусениц и куколок АББ и МТО, питающихся подобранным нами рационом питанием. В связи с тем что, МТО преимущественно питается шелковицей, а АББ по своей природе полифаг, был составлен рацион из равной смеси листьев шелковицы и винограда. Исходя из выше изложенного, представляется важным изучение состояния активности антиоксидантных ферментов, класса оксидоредуктаз, а также микронутриентом Se (известный природный антиоксидант) в регуляции последствий окислительного стресса у испытуемых АББ и МТО.

Результаты наших опытов приведены на рис. 3.4 и 3.5, в которых отражены содержания селена и активностей ГП в гомогенатах гусениц и куколок МТО и АББ. Из их видно, что содержание селена в этих объектах различаются между собой на ≈ 30% и составляли ≈ 0,045 мкг/г и ≈ 0,030 мкг/г влажной массы, а по белку 0,1 мкг/г белка для МТО и против 0,08 мкг/г белка АББ. Эти данные свидетельствуют о том, что величины значений по содержанию селена, хотя и в 2-4 раза меньше, чем для многих млекопитающих, птиц и рыб, они все-таки соизмеримы с ними.Что же касается коэффициента селеновой аккумуляции, то он в отличии от рыб, особенно океанических, имеющих очень высокую поглотительную способность (содержание селена в

46

океане 10^{-9} массовых частей (м.ч.), а уровень селена у океанических рыб достигает высоких цифр – 10^{-6} м.ч., т.е. коэффициент аккумуляции порядка 1000!

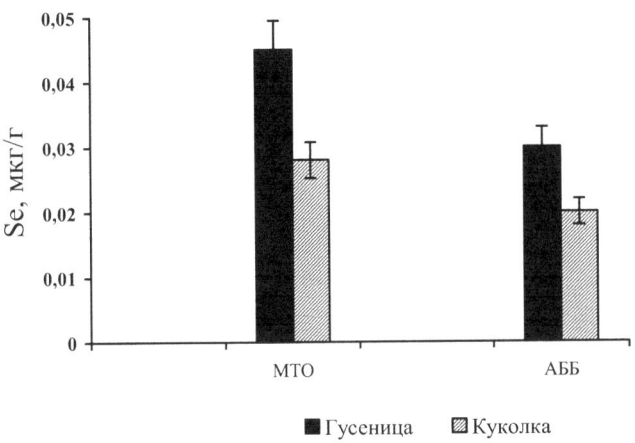

Рис. 3.4. Содержание селена в организме американской белой бабочки и малой тутовой огневки на стадии гусеницы и куколки.

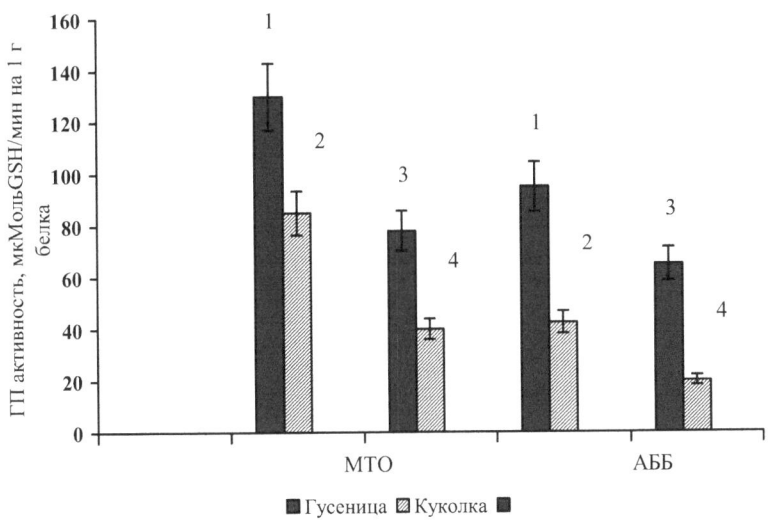

Рис. 3.5. Активность ГП в организме АББ и МТО на стадии гусеницы и куколки.1,2 суммарная активность ГП (субстрат ROOH); 3,4 активность селен-зависимой ГП (субстрат H_2O_2).

А для наших насекомых, как нам удалось выяснить, проведя специальные опыты, он составляет всего ≈ 3-4, который зависит от потребляемого рациона питания, определяемого содержанием селена в нем (таб. 3.4).

Таблица 3.4

Содержание селена в основных источниках питания МТО и АББ

№	Насекомые	Листья шелковицы мкг/г влажной массы	Листья винограда мкг/г влажной массы	Смесь(1:1) шелковицы и винограда мкг/г влажной массы
1	МТО	0,071±0,005		
2	АББ		0,012±0,002	0,043±0,004

Сравнение активностей ГП, измеряемой с помощью неорганического (H_2O_2) и органического (ROOH, гидроперекись третбутилового спирта) субстратов окисления в присутствии глутатиона, показывают наличие значительной разницы в скорости окисления восстановленного глутатиона в исследуемых субстратах, что говорит о том, что доля селензависимой суммарной активности ГП в общем относительно невелика, при том, что абсолютные значения этой ГП активности, складываемой из селеновой и селен независимой ГП активностей имеет относительно высокие значения. Интересным здесь является то, что разница между суммарными ГП активностями для гомогенатов МТО и АББ составляет всего ≈ 27%, в то время как активность Se-ГП (т.е. в присутствии пероксида водорода) отличается уже в 2 раза, что говорит об определенных различиях в метаболизме селена в организме этих насекомых.

Для идентификации природы и оценки парциальных вкладов ГП активности других ферментов, нами была проведена термообработка исследуемых субстратов с учетом того, что ферменты, показывающая ГП активность, имеет разную чувствительность к теплу.

Термоактивация гомогенатов МТО и АББ проводили при 45 и 60°C в течение 10 мин. Это приводило к падению ферментативной активности, которое не связано с ферментом глутатионпероксидазой (Se-ГП достаточно термостабиный фермент). Инактивация при 60°C приводит к потере активности самого Se-ГП фермента. Эти изменения активности гомогенатов АББ и МТО приведены в таблице 3.7. Из которых видно, что при 45°C имеется 4-х кратная потеря активности суммарной ГП в гомогенатах АББ и МТО. Последующее нагревание приводит к меньшей потере. Что же касается последствий обработки, то видно: имеет место приблизительно одинаковый уровень для МТО и АББ. Эти данные указывают на характер ферментативной активности, который, точно, связан со свойствами селен-содержащих веществ, показывающий некоторую активность по окислению GSH в присутствие пероксида водорода [32, 70].

Таблица 3.5.

Влияние термообработки на остаточную активность ГП-ферментов гомогенатов гусениц АББ и МТО (гомогенат выбран в соотношении 5:1 буфера

Суммарная ГП активность в мкМоль GSH/мин мг белка		
Температурный режим	МТО гусениц	АББ гусениц
Контроль 22 -25 °C	100	50
Температура 45°C	20	15
Температура 60°C	18	10

к влажной массе субстратной аликвоты).

Примечание: трис-HCl-буфер 0,1 М.

Учитывая относительно высокие уровни селен-независимой ГП активность, которую исследователи обычно связывают с активностью ряда глутатионтрансфераз (ГТ) [65] , нами предпринята попытка оценки,

49

непосредственно, активности ГТ энзимов, влияющих на суммарную ГП активность в гомогенатах МТО и АББ (Рис.3.6).

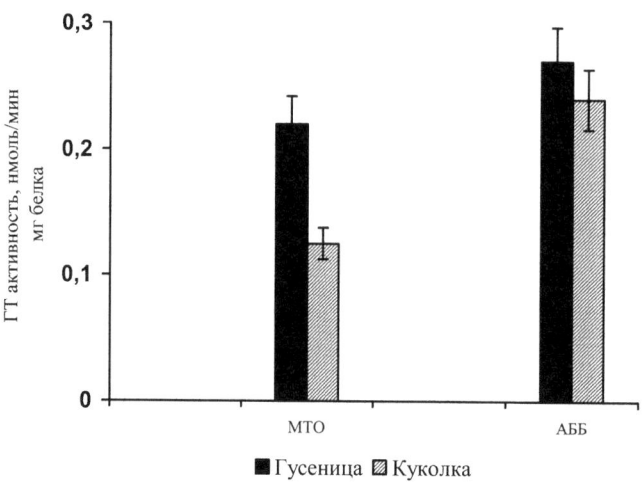

Рис.3.6. Активность глутатион-трансферазы в гомогенатах американской белой бабочки и малой тутовой огневки на стадии гусеницы и куколки.

На рис. 3.6 показано, что величины активности этих энзимов находятся в «противофазе» с активностью Se-ГП на Рис 3.5, у объекта с относительно высокой активностью ($\approx$ 80 мкМоль GSH/мин на г белка) активность ГТ составляет 0,125 мкМоль GSH/мин на г белка против $\approx$ 65 мкМоль GSH/мин на г белка.

Состояния активности другого важного антиоксидантного энзима – каталазы, принимающего участие в регуляции окислительных процессов, путем утилизации H_2O_2, показано на рис. 3.7.

Из сравнительного рассмотрения Рис. 3.5 и 3.7 видно, что и здесь имеет место параллельная направленность активности ферментов: там, где Se-ГП активность высока, там активность каталазных ферментов имеет также повышенное значение.

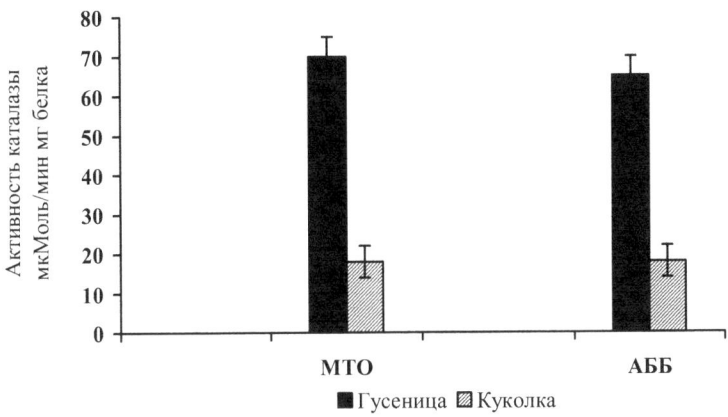

Рис.3.7. Активность каталазы в организме американской белой бабочки и малой тутовой огневки на стадии гусеницы и куколки.

Это свидетельствует о природной сбалансированности в регуляции окислительной устойчивости, осуществляемой окислительно-восстановительными энзимами насекомых, и о возможном повышенном образовании в их организмах пероксида водорода. В этой связи интересно сравнительное рассмотрение состояния перекисного окисления липидов гомогенатов изучаемых насекомых.

3.2.3. Состояние перекисного окисления липидов гомогенатов гусениц и куколок МТО и АББ

Как известно глутатион-трансферазные, обладающие ГП активностью (т.е. глутатион-зависимые) ферменты, играют важную роль в регуляции ПОЛ, так как они эффективно разрушают липидные гидроперекиси. Их относительная высокая активность на фоне невысокой Se-ГП активности свидетельствует об их ведущей роли, в регуляции последствий окислительного стресса, проявляемых как интенсификация реакций ПОЛ.

Учитывая скудность материала и относительно невысокую скорость окислительного процесса, мы, для параллельности окислительного стресса, рассмотрели аскорбат-зависимое аутоокисление гомогенатов гусениц и куколок АББ и МТО.

На Рис. 3.8. представлены кинетические кривые гусениц и куколок МТО и АББ. Из них видно, что, несмотря на то, что их гомогенаты обладают различной активностью ГТ, ГП, каталазы их способность к развитию окислительной реакции носит относительно сходный характер.

Инкубационная среда состоит из: FeSO4 0,1 мл (10^{-3}м) + 0,1 мл аскорбиновая кислота (10^{-3}м) + 0,1 мл гомогенат + 3 мл буфера pH 7,4. Реакционную смесь выдерживали при 37° С в аэробных условиях. Аликвоты отбирались через каждые 15 мин в течение 1 часа. Количество продуктов ПОЛ оценивали с помощью метода с использоваием тиобарбитуровой кислоты (см. методика). Результаты приведены на Рис. 3.8.

Из них видно, что интенсивность ПОЛ куколок значительно выше, чем у гусениц. Что свидетельствует об отрицательной направленности по отношению к активности антиокислительных ферментов и особенно активности глутатионтрансфераз и содержанию селена. Видимые различия говорят об интенсивном развитии ПОЛ, имеющим отрицательную направленность по отношению к активности ГТ и отчасти каталазе и мало связанно с активностью Se-ГП.

Это также говорит о том, что нехватка активности одних ферментов компенсируется работой других ферментов. АББ гомогенат имеет большую устойчивость к окисленному стрессу, чем МТО, несмотря на то, что общая ГП активность, Se-ГП активность и уровень фермента каталазы выше в гомогенатах малой тутовой огневки. Это говорит о ведущей роли ГТ энзима в протекции от окислительного стресса у насекомых.

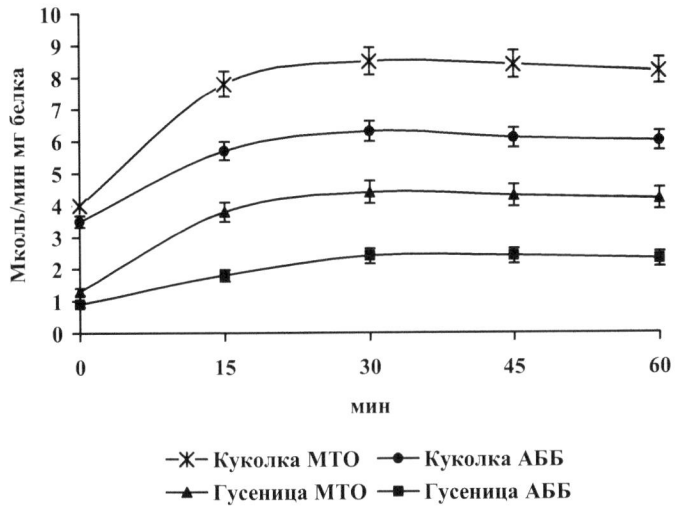

Рис. 3.8. Кинетика накопления ТБК активных продуктов (НДА) в гомогенатах гусениц и куколок, окисленных в аэробных условиях при 37°C.

3.2.4. Влияние экстремальных факторов окружающей среды на окислительную устойчивость гомогенатов гусениц и куколок МТО и АББ

Как известно, по мере эволюционного развития организмов они становятся все более аэробно зависимыми. Окислительный стресс в жизнедеятельности животных играет важную роль. Активная роль кислорода, выполняющая важную функцию в жизнедеятельности организмов, становится возможным источником еще и окислительной деструкции клеточных структур. В ходе эволюции появляется эффективная антиоксидантная система, включающая в себя ряд антиоксидантных ферментов, без участия которых окислительный стресс привел бы к катастрофическим последствиям. Вопрос о состоянии механизма антиокислительных ферментов для наших насекомых, в ответ на влияние экстремальных стрессовых факторов, плохо изучен и представляет научный интерес. В качестве стрессорных факторов на ряду с ЭП (их окислительно стрессовый механизм для насекомых практически не раскрыт) мы применили УФ-облучения, оказывающее явное выраженное окислительное действие. С этой целью провели опыты с определением зависимости активности исследуемых ферментов в гомогенатах в зависимости от дозы воздействия.

3.2.5. Дозовая зависимость воздействия ЭП высокой напряженности на активность ГП, ГТ и каталазы гомогенатов гусениц и куколок МТО и АББ

Нами были проведены эксперименты, связанные с воздействием ЭП высокой напряженности, начиная от малых доз до относительно высоких, с целью изучения последствий окислительного стресса. Мы изучили состояние ПОЛ, гомогенатов, состояние активности, изучаемых антиокислительных ферментов и окислительных процессов под воздействием стрессовых факторов.

Нами была выбрана экспозиция длительностью 1-2 суток, напряженностью от 5 до 30 кВ/м. Результаты показаны на Рис. 3.9 и 3.10. Из них видно, что малые дозы облучения 5 кВ/м x 1 сутки оказывают существенно стимулирующее действие на активность ферментов, но в разной степени.

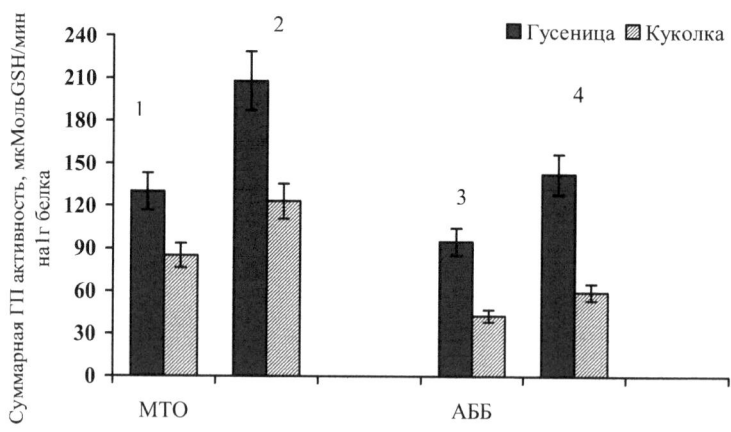

Рис. 3.9. Суммарная активность ГП в организме американской белой бабочки и малой тутовой огневки на стадии гусеницы и куколки после воздействия ЭП.1,3 контроль; 2,4 после воздействия ЭП.

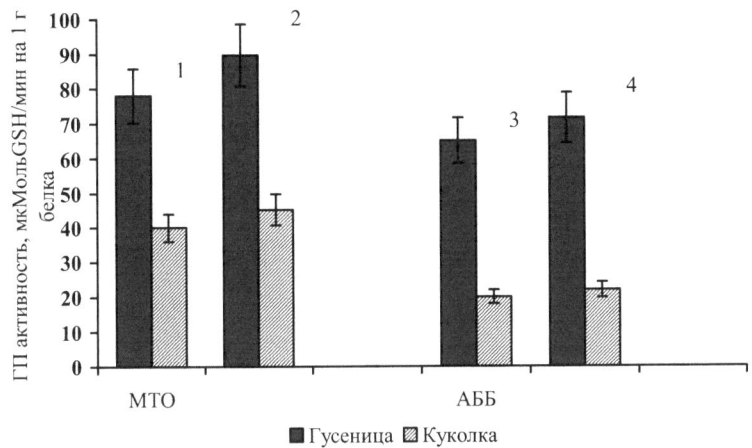

Рис. 3.10. ГП активность малой тутовой огневки и американской белой бабочки на стадии гусеницы и куколки. 1,3- контроль; 2,4- после воздействия ЭП.

Так суммарная активность ГП поднимается на 40-60 % (в качестве субстрата окисления GSH использовали гидроперекись третбутила), селензависимая ГП активность увеличивается на 10-15 %, каталаза на 20-25 % (Рис. 3.11).

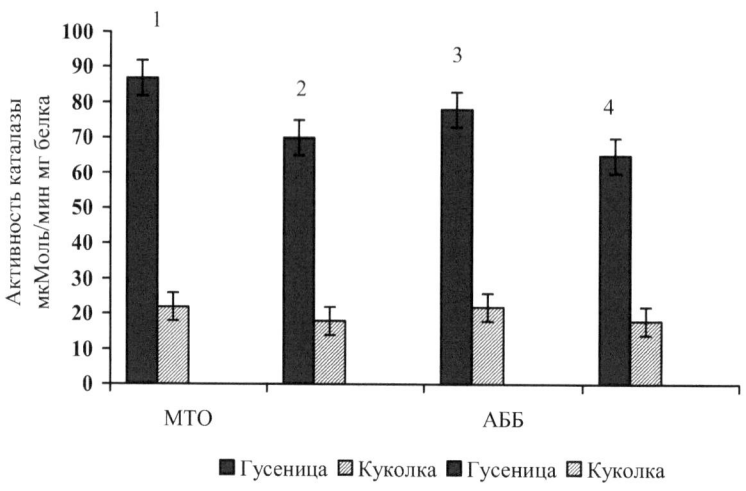

■ Гусеница **◨** Куколка **■** Гусеница **◨** Куколка

Рис.3.11. Активность каталазы в организме американской белой бабочки и малой тутовой огневки на стадии гусеницы и куколки после воздействия ЭП 5 кВ/м (1,3- после воздействия, 2,4- до воздействия).

го при воздействие стрессовых факторов (ЭП) в гусеницах и куколках исследуемых объектов происходит достоверное увеличение активности ГТ в течение всего опыта. Установлено, что на первые сутки после воздействия активность ГТ максимально превышала контрольные значения в 1,70 раза, на вторые и третьи сутки в 1,40 раз превышала контрольные значения (Рис. 3.12).

В немногочисленных исследованиях антиоксидантной системы при стрессировании насекомых глутатионтрансфераза рассматриваются как один из основных компонентов ферментативных антиоксидантов. Отмеченное нами увеличение активности ГТ может свидетельствовать о накоплении активных форм кислорода в виде органических гидроперекисей, которые являются индуктором большинства радикальных окислительных процессов.

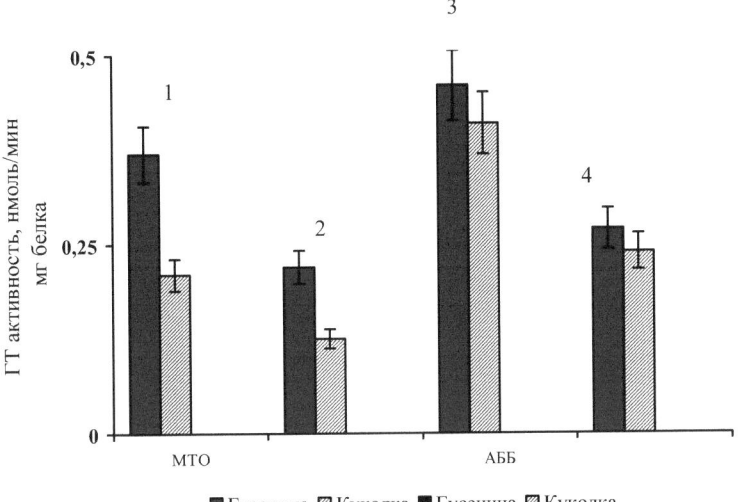

Рис.3.12. Активность глутатион-трансферазы в организме американской белой бабочки и малой тутовой огневки на стадии гусеницы и куколки после воздействия ЭП 5 кВ/м (1,3- после воздействия, 2,4- до воздействия).

Следует отметить, что самое высокое увеличение ферментативной активности зафиксировано при напряженности ЭП в 5 кВ/м. При воздействии большими дозами ЭП (30 кВ/м) увеличение активности ферментов было неоднозначным (имело место падения их активности до нулевых значений).

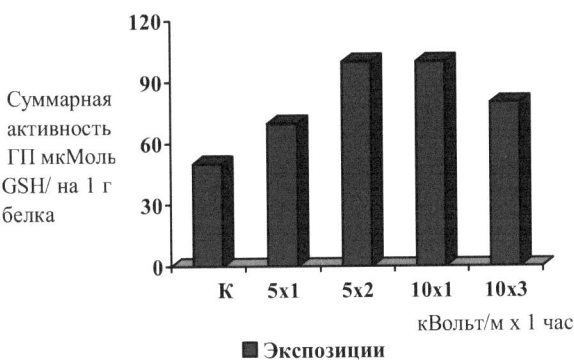

Рис. 3.13. Изменения уровня суммарной активности ГП под воздействием ЭП высокого напряжения.

3.2.6. Дозовая зависимость УФ-воздействия на активность ГП, ГТ и каталазы гомогенатов гусениц и куколок МТО и АББ

Изучение закономерностей в отношениях между насекомыми и средой их обитания на разных уровнях организации является одной из главных фундаментальных задач энтомологии. Важнейшим фактором окружающей среды для насекомых является свет, который выступает источником энергии, регулятором всех сторон жизнедеятельности организма насекомых [44]. Насекомые получают из окружающей среды световые сигналы, которые являются индикаторами свойств окружающей обстановки и используют полученную информацию для адаптации и развития. Это осуществляется с помощью фоторецепторов с целью определения спектрального состава, интенсивности, направленности светового потока, продолжительности и периодичности освещения [31].

Протекание процессов, регулируемых излучением, возможно при облучении насекомых светом как высокой, так и низкой интенсивности.

Свет, в том числе УФ- излучение, может изменять метаболическую активность насекомых. Поглощение УФ-лучей насекомыми достигает весьма большой величины, что определяет роль УФ- лучей как важного фактора экологии. Существуют различные мнения о роли УФ-радиации в жизнедеятельности насекомых. Отмечается как угнетающее, так и стимулирующее влияние УФ-лучей. Однако точно известно, что действие УФ-излучения малоэффективно при коротких экспозициях, но эффективно при длительном облучении и высокой интенсивности [10]. УФ- излучение является важным фактором для протекания процессов окислительного стресса.

Изучение действия света определенных длин волн и интенсивности в естественных условиях является сложной задачей из-за влияния на насекомых множества факторов. Поэтому в настоящее время исследования проводят в лабораториях. В лабораторных условиях показано, что незначительное изменение интенсивности и спектрального состава УФ-излучения влияет на метаболизм посредством изменения антиоксидантного баланса насекомых.

За длительную историю эволюционного развития насекомые выработали способность использовать защитные и адаптационные механизмы от УФ-излучения. Способность к световой адаптации является важной проблемой, требующей исследований. Поэтому представляет интерес исследовать in vitro влияние на жизнедеятельность насекомых УФ-излучения. Одним из механизмов адаптации насекомых является реакция развития окислительного стресса в ответ на воздействие УФ-излучения. Нами были поставлены несколько экспозиций с различной дозой воздействия. Результаты опытов представлены на рисунках 3.14; 3.15; 3.16; 3.17; 3.18. На диаграммах отображена динамика изменения концентрации ферментативной активности окидоредуктаз. Наибольшую антиоксидантную активность можно увидеть при воздействии излучением 5 кДж/м². Аналогично в антиоксидантным спектре при развитии окислительной реакции у насекомых.

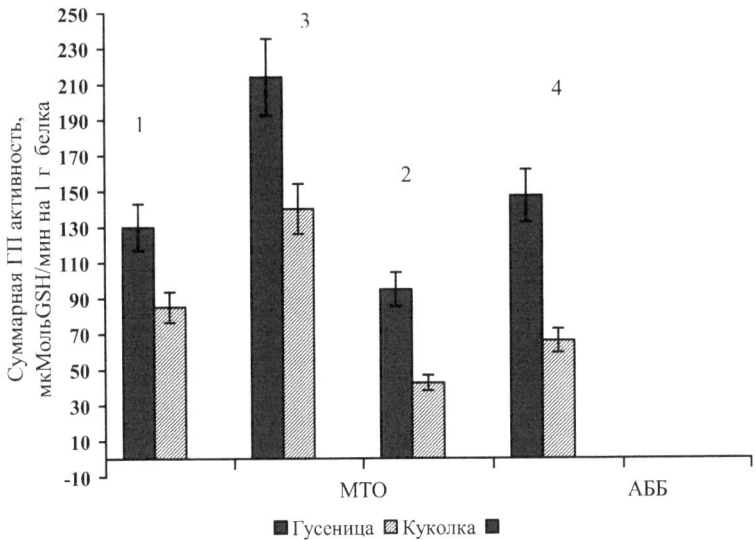

Рис 3.14. Суммарная активность ГП в организме американской белой бабочки и малой тутовой огневки на стадии гусеницы и куколки под УФ-облучением.1,2-контроль суммарная активность ГП (субстрат ROOH); 3,4-после воздействия.

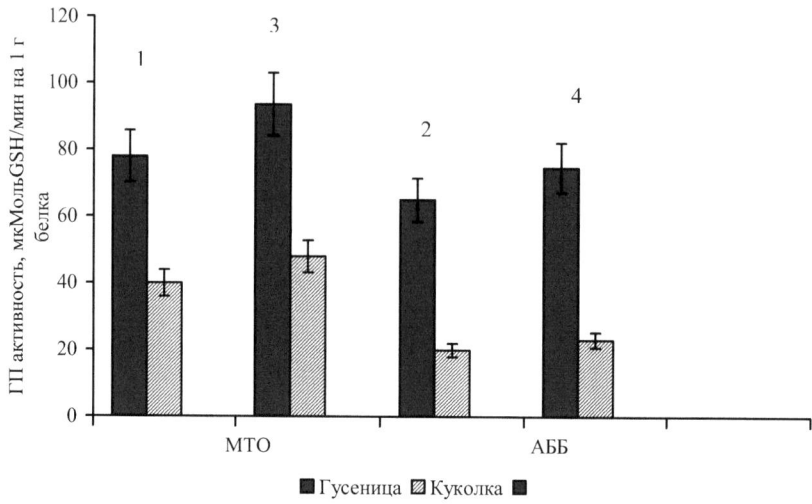

Рис. 3.15. Активность Se-ГП в организме американской белой бабочки и малой тутовой огневки на стадии гусеницы и куколки.1,2-контроль 3,4-после воздействия (субстрат H_2O_2).

Соответсвенно, в гомогенатах гусениц и куколок МТО суммарная ГП-активность поднимается в среднем на 55-65 % и превышает таковую в гомогенатах гусениц и куколок АББ. Каталазная активность выросла на 25-30 %, но, в сущности, не отличается у обоих видов насекомых. Селен-зависимая ГП-активность увеличилась на 15-20 %. Далее, нами, отмечен спад активностей всех ферментов при повышении дозы воздействия, а при 80 кДж/м² активность резко падала почти до нулевых значений.

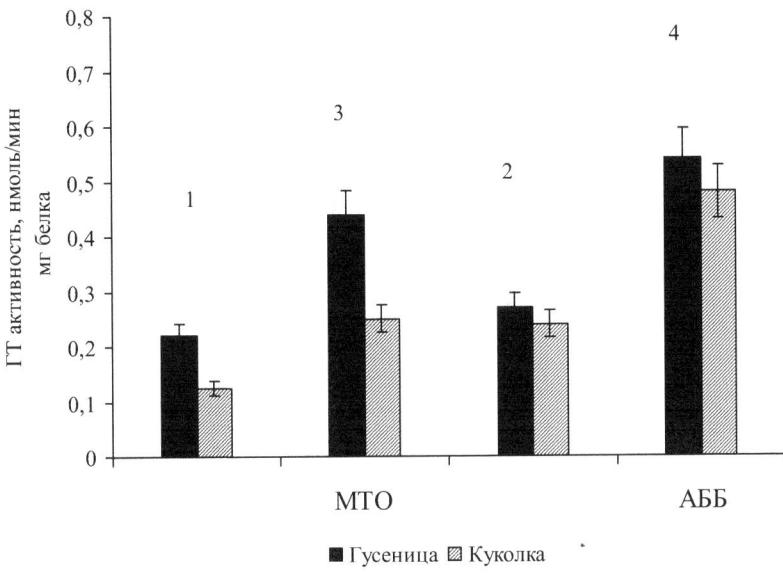

Рис. 3.16. Активность глутатион-трансферазы в гомогенатах американской белой бабочки и малой тутовой огневки на стадии гусеницы и куколки под воздейстаием УФ-лучей.

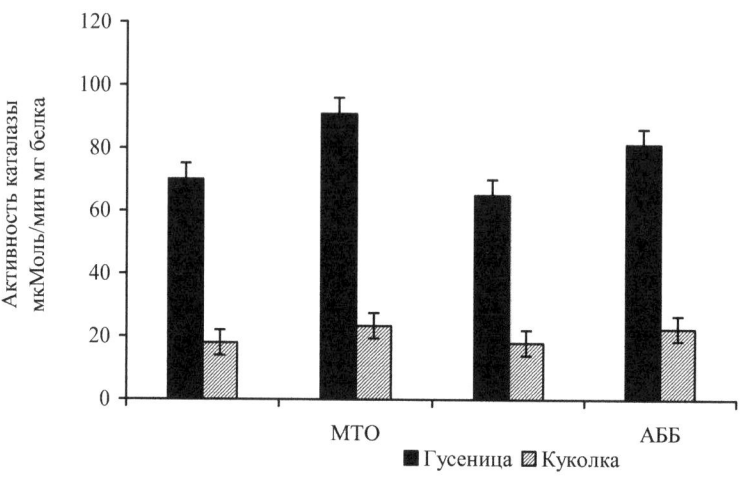

Рис. 3.17. Активность каталазы в организме американской белой бабочки и малой тутовой огневки на стадии гусеницы и куколки под воздействием УФ-лучей. 1,2-контроль; 3,4- после воздействия.

3.2.7. Влияние экзогенного селена на индуцированные окислительные стрессы (УФ-облучение) в организме насекомых

Одним из возможных механизмов протекторного действия селена является его способность оказывать влияние на ферментативную антиоксидантную систему. Анализ полученных данных по изменению активности ферментов в насекомых МТО и АББ при оптимальном световом режиме в зависимости от минерального питания показал, что исключение из питательной среды селена, ведет к снижению активности каталазы и глутатионпероксидазы. Увеличение каталазной активности было больше выражено в гомогенатах гусениц и куколок американской белой бабочки. Но в целом, вместе с малой тутовой огневкой, значительного скачка активности каталазы не наблюдалось.

Стоит отметить различия в ферментативном уровне на стадиях метаморфоза, когда повышение активности у гусениц уступало на 20% активности куколкам.

Добавление микроэлемента селена оказывало положительное действие на активность всех ферментов, за исключением глутатионтрансферазы, хотя ее активность у насекомых наибольшая из класса оксидлредуктаз.

Статистический анализ показал наличие прямой корреляции между содержанием селена и активностью изученных ферментов, при этом наиболее сильная взаимосвязь наблюдалась между наличием в питательной среде селена и активностью селен-зависимой глютатионпероксидазы [79]. Как уже говорилось, селен входит в состав данного фермента и можно предположить, что употребление дополнительного количества селена в пищу насекомыми приводило к увеличению экспрессии Se-ГП. Следствием чего и явилось повышение активности глутатионпероксидазы. В гомогенатах МТО активность Se-ГП проявилась выше, чем в гомогенатах АББ.

Трофическая функция является одним из механизмов регуляции метаболизма насекомого, поэтому нами тщательно подбирался рацион питания. Насекомые содержались на диетарных условиях с разной концентрацией селена: 0,05 мг/мл и 0,1 мг/мл. Меньшая концентрация оказывала пролиферирующий эффект на активность каталазы и селен-зависимой ГП. Нами так же установлено, что увеличение содержания селена в пищевом субстрате насекомых не приводило к дальнейшему росту ферментативной активности или ее деградации.

Нами установлено, Рис. 3.19 и 3.20, снижение уровня малонового диальдегида (МДА) при добавлении в питательную среду селена. Было обнаружено, что в диапазоне концентраций от 0,05 мг/мл до 0,1 мг/мл концентрация МДА была ниже, чем в контрольных образцах.

Сохранение структурно-функционального состояния внутриклеточных мембран осуществляется за счет работы антиоксидантной системы.

Приведенное выше исследование показало, что селен, активизировал работу антиоксидантной защиты организма насекомых.

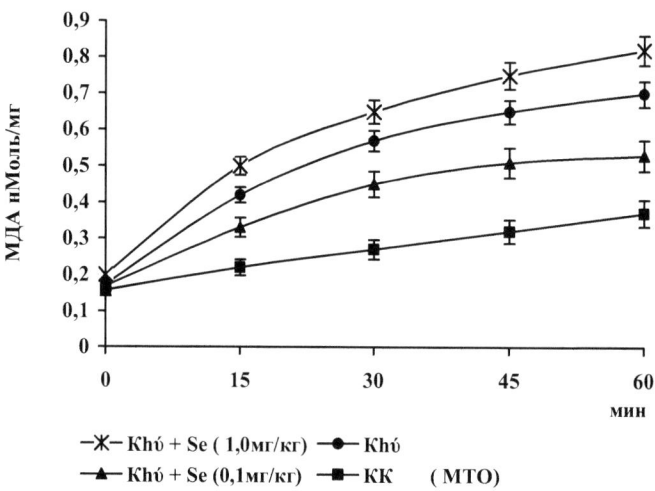

Рис.3.19. Влияние селена на перекисное окисление липидов гомогенатов куколок малой тутовой огневки. Опыт проводили при t 25ºС.

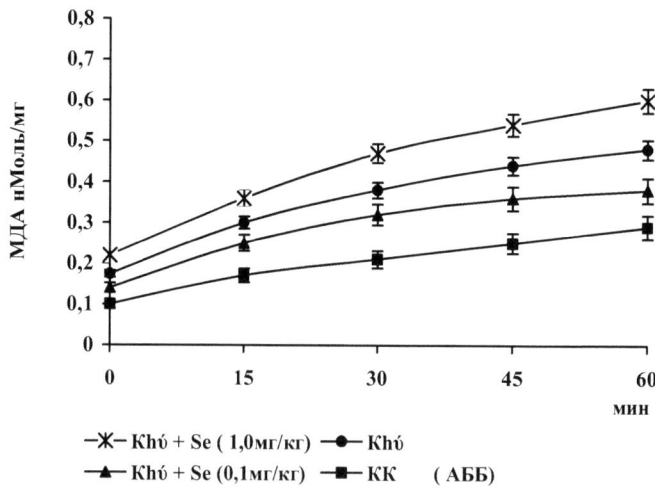

Рис.3.20. Влияние селена на перекисное окисление липидов гомогенатов куколок американской белой бабочки. Опыт проводили при t 25ºС.

Исследования показали, только малая часть селена включается в Se-ГП и ее суммарный вес достаточно низок и это связано с увеличением накопления ряда низкомолекулярных (и в том числе селенсодержащих) антиоксидантов у насекомых, при добавлении в питательную среду селена. Все это служит хорошей защитой от окислительного стресса. В условиях окислительного стресса, вызванного светом высокой интенсивности, в насекомых отмечено заметное увеличение пула Se-ГП в присутствии селена. Результаты проведенных опытов позволяют заключить, что более высокая устойчивость при ультрафиолетовом облучении насекомых, чей питательный субстрат обогащен селеном, определяет их способностью поддерживать более низкий уровень окислительного стресса.

ВЫВОДЫ

1. Установлено, что влияние электрических полей высокого напряжения на американскую белую бабочку (АББ) и малую тутовую огневку (МТО) приводит к угнетению процессов обмена.

2. Исследованные насекомые-вредители, в региональных условиях Апшеронского полуострова содержат, соответственно, 0,030 мкг/г (АББ) и 0,045 мкг/г (МТО) влажной массы селена, содержание которого зависит от потребляемого рациона питания.

3. Установлена суммарная активность глутатионапероксидазы (ГП) в гомогенатах насекомых, при этом селен-зависимая глутатионпероксидазная активность показывает не высокие значения. А активности глутатион-S-трансферазы (ГТ), обладающие глутатионпероксидазной активностью, принимают заметное участие в защите от окислительного стресса у насекомых. Определен взаимно дополнительный характер между каталазой и селен-зависимой глутатионпероксидазой.

4. Влияние небольших доз электрического поля высокой напряженности и УФ-облучения, как факторов стресса, достоверно увеличивает активность изучаемых антиоксидантных ферментов в гомогенатах АББ и МТО. Так суммарная активность ГП поднимается на 40-60 %, селен-зависимая ГП активность увеличивается на 10-15 %, каталаза на 20-25 %. Активность ГТ максимально превышала контрольные значения в 1,70 раза.

5. В насекомых, под воздействием УФ-лучей и электрических полей высокой напряженности селен оказывает протекторное действие, что выражается в снижении содержания продуктов реагирующих с тиобарбитуровой кислотой (малоновый диальдегид).

СПИСОК ЛИТЕРАТУРЫ

1. Ананьев Л.М., Климентьева Н.А. Влияние искусственных магнитных полей на живые организмы / Материалы Всесоюзного симпозиума. Баку, 1972, с. 153-155.

2. Аникин В. В. Обследование состояния энтомофауны в зоне влияния ЛЭП-500 // Электромагнитная безопасность / Проблемы и пути решения : материалы науч.-практич. конф. Саратов : Изд-во СГУ, 2000. с. 3–6.

3. Брагин Н.И., Золотов Ю.В., Сергеечкин В.С. Особенности поведения медоносных пчел в электрических полях ВЛ – 500 кВ // Сб. научн. тр. ЭНИН им. Г. М. Кржижановского. М., 1986, с. 80 - 90.

4. Броун Г.Р., Ильинский О.Б. Физиология электрорецепторов. Л.: Наука, 1984, 247 с.

5. Владимиров Ю.А., Азизова О.А., Деев А.И. Свободные радикалы в живых системах // Итоги науки и техники. Сер. Биофизика, 1991, т. 29. с. 1-249.

6. Гордеева М. А., Ильминских Н. Г. Воздействие электромагнитных полей линий электропередач на герпетобионтов // Научный диалог, Биология. Экология. Естествознание. Науки о земле, 2012, № 2, с. 31–39.

7. Громыко Н.М., Криводаева О.Л., Земскова В.В. Отдаленные последствия воздействия электростатического поля на организм животных // Гиг. и сан., 1991, № 5, с. 28 - 30.

8. Гусейнов Т. М., Насибов Э.М. Участие селена в регуляции перекисного окисления липидов биомембран и активности глутатионперокисидазы // Биохимия, 1990, т. 53, № 3, с. 598-605.

9. Доспехов Б. А. Методика полевого опыта (с основами статистической обработки результатов исследований). М.:Агропромиздат, 1985. 351 с.

10. Дубров А. Я. Генетические и физиологические эффекты действия ультрафиолетовой радиации на высшие растения. М.: Наука, 1968, 37 с.

11. Еськов Е.К. Экология медоносной пчелы. М.: Росагропромиздат, 1990, 256 с.

12. Еськов Е.К. Микроструктура и функциональные свойства быстроадаптирующихся трихоидных сенсилл медоносной пчелы // Успехи совр. Биол., 1994, т. 114, №5, с.345-352.

13. Еськов Е.К. Генерация, восприятие и использование насекомыми низкочастотных электрических полей // Успехи совр. биол.,1995, т. 115, № 5, с.586-594

14. Еськов Е.К. Специфичность реагирования на электромагнитные поля и их использование биообъектами различной сложности // Успехи современной биологии, 2003, т. 123, №2. с.195-200.

15. Еськов Е.К. Биологические эффекты электрических полей // Наука в России, 2003, №1, с.67-71

16. Еськов Е.К., Дарков А.В. Последействия интенсивного магнитного воздействия на начальные ростовые процессы у семян растений и на развитие пчел // Известия АН. Сер. биол., 2003, №5, с. 617-622

17. Еськов Е.К., Миронов Г.А. Факторы, детерминирующие отклонение волоска фонорецептора пчелы в низкочастотном электрическом поле // Биофизика, 1990, т. 35, № 4, с. 675-678.

18. Еськов Е.К., Сергеечкин В.В. Динамика плотности населения серых кузнечиков под высоковольтными линиями электропередачи // Экология, 1985, № 5. с. 87-89.

19. Еськов Е. К. Биологическая история Земли. М.: Высшая школа, 2009, 464 с.

20. Еськов Е.К., Брагин Н.И. Этолого-физиологические аномалии у пчел, порождаемые действием электрических полей высоковольтных линий электропередачи // Журнал общей биологии, 1986, т.67,№ 6, с. 823-833.

21. Зенков Н. К., Панкин В. З., Меньщикова Е. Б. Окислительный стресс: Биохимический и патофизиологический аспекты. М.: МАИК, 2001, 343 с.

22. Замай Т.Н., Макарова Е.В., Титова Н.М. Особенности функционирования клеточной мембраны в условиях воздействия ЭМП // Вестник Красноярск. Гос. Универ. Естественные науки, 2003, №5, с.151-159.

23. Золотов Г. В. Реагирование организмов разной сложности на низкочастотное электрическое поле: Док. Биол. наук, Рязань, 2004, 143 с.

24. Каган В.Е., Орлов О.Н., Прилипко Л.Л. Проблема анализа эндогенных продуктов перекисного окисления липидов // Итоги науки и техники. Сер.Биофизика. М., 1986. 480с.

25. Карташов А.Г., Мигалкин И.В. Влияние переменного электрического поля на организм белых мышей в процессе их постнатального развития // Гиг. и сан., 1991, № 1, с. 45 – 47.

26. Канчавели Ш., Канчавели Л., Парцвания М. Малая тутовая огневка новый вредитель шелковицы в Грузии // Защита и карантин растений, 2009, № 1, с. 36.

27. Кения М.В. Роль низкомолекулярных антиоксидантов при окислительном стрессе / М. В. Кения, А. И. Лукаш, Е.Н. Гуськов // Успехи соврем. Биологии, 1993, т. 113, №4, с.456-469.

28. Кузин А.М. Структурно-метаболическая теория в радиобиологии. М.:Наука, 1986, 313 с.

29. Кулиевой Х. Ф. Рукописи по малой тутовой огневки за период 2009-2012.

30. Кулиева Х. Ф. Биоэкологическая, физиологическая и биохимическая характеристика некоторых вредных бабочек в Азербайджане / монография, 1992, с. 164.

31. Кулиева Х. Ф. Особенности фотопериодических адаптаций американской белой бабочки (Hyphantria cunea Drury) в Азербайджане / V Международная Научная Конференция. Днепропетровск: Лира, 2009, с. 209-211 .

32. Кулинский В., Колисниченко Л. Система глутатиона I. Синтез, транспорт глутатионтрансферазы и глутатионпероксидазы // Биомед. Химия, 2009, т.55, № 3, с. 255-277.

33. Лозинская Я. Л., Слепнева И. А., Храмцов В. В., и др. Изменение антиоксидантного статуса и системы генерации свободных радикалов в гемолимфе личинок Galleria mellonella при микроспоридиозе // Журн. эвол. Биохим .физиол, 2004, т. 2. с.99-103.

34. Меерсон Ф.З. Адаптация к стрессорным ситуациям и стресс-лимитирующие системы организма / Физиология адаптационных процессов (Руководство по физиологии), М.: Наука, 1986, с.521-621.

35. Назаренко И.И., Кислова И.В., Гусейнов Т.М. Флуориметрическое определение селена 2,3-диаминонафталином в биологических материалах // Журн. Аналитическая химия, т. 30, № 4, 1975, с. 733-738.

36. Номенклатура ферментов: Рекомендации Международного биохимического союза по номенклатуре и классификации ферментов, а также по единицам ферментов и символам кинетики ферментативных реакций. М.:ВИНИТИ, 1979.254 с.

37. Орлов В.М. Насекомые в электрических полях (биологические феномены и механизм восприятия). Томск: Изд. Томск ун-та, 1990, 112 с.

38. Полякова Л.А., Карташов А.Г. Хроническое действие переменного электрического поля на генетические и морфометрические показатели организма // Гиг. и сан., 1991, № 5, с. 59 – 60.

39. Попович В.М., Козярин И.О. Влияние электромагнитной энергии промышленной частоты на нервную систему человека и животных // Врач. дело., 1977, № 6, с. 128 -131.

40. Пресман А.С. Электромагнитные поля и живая природа, М.: Изд. Наука, 1968, 288 с.

41. Пузина Т. И., Цуканова М.А Влияние почвенной засухи на гормональную и антиоксидантную систему Solanum Tuberosum в

зависимости от обработки селенитом / Серия «Естественные, технические и медицинские науки». Орловский государственный университет, 2008, с. 51.

42. Савельев С.В., Басова Н.В., Гулимова В.И. Влияние электромагнитных полей на экспериментальные аномалии развития амфибий // Бюл. эксперим. биол. и мед., 1994, т. 117, № 2, с. 182 – 185.

43. Станкевич К.В. Биологическое действие статического электрического поля в зависимости от направленности его силовых ЛИНИЙ // ГИГ. и сан., 1987, № 7, с. 24 - 26.

44. Тыщенко В.Г. Основы физиологии насекомых. Изд. Ленинград, 1977, т. 2, 302 с.

45. Умнов М. П. Американская белая бабочка новый вредитель растений. Кишинев, 1955, 45 с.

46. Филиппович Ю.Б., Кутузова Н.М. . Гормональная регуляция обмена веществ у насекомых. // Итоги науки и техники. Сер. Биологическая химия. М., 1985, т.21.-226с.

47. Чернышев В.Б. Экология насекомых. М.: Изд. МГУ, 1996, 304 с.

48. Чураев И. А. Американская белая бабочка. 2 изд., М., 1962, 32 с.

49. Шамиев, Т. Х. Распространение нового адвентивного вида в Азербайджане // Защита и карантин растений, 2008, N 7, с. 29.

50. Шаров А. А., Прокофьева Е. А., Ижевский С. С. Прожорливость хищников американской белой бабочки // Защита раст., 1985, № 12, с. 33-34.

51. Штерншис М. В. Повышение эффективности микробиологической борьбы с вредными насекомыми // Новосибирск: Новосиб. гос. аграр. ун., 1995, 194с.

52. Янковский О. Ю. Токсичность кислорода и биологические системы (Эволюционные экологические и медико-биологические аспекты), Санкт-Петербург: "Игра", 2000, 294 с.

53. Ahmad S., Pardini R.S. Antioxidant defense of the cabbage looper, Trichoplusia ni / Enzymatic responses to the superoxide-generating flavonoid, quercetin, and photodynamic furanocoumarin, xanthotoxin // Photochem. Photobiol., 1990, v. 51. p.305-311.

54. Ahmad S. Biochemical defense of pro-oxidant plant allelochemicals by herbivorous insects // Biochem. Syst. Bcol., 1992, v. 20. p. 269-296.

55. Arking R., Burde V., Graves K., et al. Identical longevity phenotypes are characterized by different patterns of gene expression and oxidative damage // Exp.Gerontol., 2000, v.35. p.353-373.

56. Arthur, J. R. The glutathione peroxidases // Cell. Mol. Life Sci., 2000, v.57, p.1825-1835.

57. Aucoin R.R., Fields P., Lewis M.A. The protective effects of antioxidants to a phototoxin-sensitive insect herbivore,Manduca sexta II // J. Chem. Ecol., 1990, v. 16. p.2913-2924.

58. Barbehenn R.V., Walker A., Uddin F. Antioxidants in the midgut fluids of a tannin-tolerant and a tannin-sensitive caterpillar: effects of seasonal changes in tree leaves // J. Chem. Ecol., 2003. v. 29, № 5. p. 1099-1116.

59. Barbehenn R.V., Martin M.M. Tannin sensitivity in larvae of Malacosoma disstria (Lepidoptera): Roles of the peritrophic envelope and midgut oxidation // J.Chem. Ecol, 1994, v. 20 p. 1985-2001.

60. Barbehenn R.V., Bumgarner S.L., Roosen E.F., et al. Antioxidant defenses in caterpillars: role of the ascorbate-recycling system in the midgut lumen // J. Insect Physiol, 2001, v.47. p. 349-357.

61. Boctor I.Z., Salama H.S. Effect of Bacillus thuringiensis on the lipid content and compositions of Spodoptera littoralis larva // J.Invert.Pathol., 1983. v.51., p.381-384.

62. Bradford M.M. A rapid and sensitive method for the quantization of microgram quantities of protein utilizing the principle of protein-dye binding // Anal. Biochem., 1976, v. 72 p.248–254.

63. Chien C., Dauterman W.C. Studies on glutathione-S-transferase in Helicoverpa (Heliothis) // Insect Biochem., 1991, v. 21, p. 857–864.

64. Chien C.L, Kirouos K.S., Linderman R.J. Unsaturated carbonyl compounds: Inhibition of rat liver glutation-S-transferases isozymes and chemical reaction with reduced glutathione // Biochim.Biophys.Acta., 1994, v. 12, p.175.

65. Duffey S.S. Felton G.W. Enzymatic antinutritive defenses of tomato plants against insects / Naturally Occurring Pest Bioregulators. American Chemical Society Symp., Washington, D.C., 1991, ser. 449. p. 167-197.

66. Eaton J.W. Catalases and peroxidases and glutathione and hudrogen peroxide: mysteries of the bestiary // J. Lab. Clin. Med., 1991, v. 1 18. p. 3-4.

67. Flohe L., et al. Selenium, the element of the moon, in life on the Earth // Life, 2000, v. 49 p. 411-420.

68. Fonseca R., Warren E., Stephen J. Molecular evolution and the role of oxidative stress in the expansion and functional diversification of cytosolic glutathione transferases // BMC Evolutionary Biology, 2010, v.10 p.281.

69. Habig W. H., Pabst M. J., Jakoby W. B. Glutathione-S-transferases // J. Biol.Chem., 1974, v. 249. p. 7130-7139.

70. Ho Y.S., Xiong Y., Ma W. et al. Mice lacking catalase develop normally but show differential sensitivity to oxidant tissue injury // J. Biol. Chem., 2004, v.279, № 31, p. 32804-32812.

71. Khosravi R. ,Sendi J. J., Ghadamyari M. Effect of Artemisia Annua L. on deterrence and nutritional efficiency of Lesser Mulberry Pyralid (Glyphodes Pylolais Walker) (Lepidoptera: Pyralidae) // Journal of plant protection research, 2010, vol. 50, No. 4, pp. 423-428.

72. Madyarov Sh.R., Khamraev A.Sh., Otarbaev D.O., et al. Comparative effects of wild and recombinant baculoviral insecticides on mp Glyphodes pyloalis Wlk. and mulberry silkworm Bombyx mori / Int. Workshop on Silk Handcrafts Cottage Industries and Silk Enterprises Development in Africa, Europe, Central Asia and the Near East, & Second Executive Meeting of

Black, Caspian seas and Central Asia Silk Association (BACSA). 6–10 March 2006, 732 pp.

73. Mathews M.C., Summers CB., Felton G.W. Ascorbate peroxidase: A novel antioxidant enzyme in insects // Arch. Insect Biochem. Physiol., 1997, v. 34, p.57-68.

74. Mathur R.N. Biology of the mulberry defoliator Glyphodes pyloalis (Wlk) (Lepidoptera: Pyralidae) // Ind. Forest Bull., 1980, p. 273.

75. Matsuyama S. Oviposition stimulants for the lesser mulberry pyralid, Glyphodes pyloalis (Walker), in mulberry leaves / Rediscovery of phytoalexin components as insect kairomones // Agric. Biol. Chem., 1991, v.55 (5), p. 1333-1341.

76. Missirlis F., Phillips J. P., Jackie H. Cooperative action of antioxidant defense systems in Drosopila // Current Biology. 2001, v.1 1. p. 1272-1277.

77. Paes M. C, Oliveira M. B., Oliveira P. L. Hydrogen peroxide detoxification in the midgut of the blood-sucking insect, Rhodnius prolixus // Arch. Insect Biochem. Physiol., 2001,v. 48. p. 63-71.

78. Paglia D. E., Valentine W. M. Studies on the quantitative and qualitative characterization of erythrocyte glutathione peroxidase // J. Lab. Clin. Med., 1967, v. 70, p. 158.

79. Sandatorm P.A., Tebbey P.W., Cleave S.V., et al. Lipid hydroperoxidase induce apoptosis in T cells displaying a HIV-associated glutathione peroxidase deficiency // J.Biol.Chem., 1994, v.269. p. 198-301.

80. Scott M.D., Lubin B.H., Zhu L. Erythrocyte defense against hydrogen peroxide: Preeminent importance of catalase // J.Lab.Clin.Med., 1991, v.118.p.7-16.

81. Summer C. B., Felton G.W. Prooxidant effects of phenolic acids on the generalist herbivore Helicoveфa zea (Lepidoptera: Noctuidae): Potential mode of action for phenolic compounds in plant anti-herbivore chemistry // Insect Biochem.Mol.Biol., 1994, v.24. p.943-953.

82. Wang Y., Oberley L. W., Murhammer D. W. Evidence of oxidative stress following the viral infection of two lepidopteran insect cell lines // Free Radical Biol. Med, 2001, v. 31. p. 1448-1455.

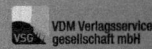

Printed by Books on Demand GmbH, Norderstedt / Germany